VINEETA S CHAUHAN
JAYDEEP CHAKRAVORTY

Problemas multiobjectivo de fluxo de potência ótimo

Problemas multiobjectivo de fluxo de potência ótimo

VINEETA S CHAUHAN
JAYDEEP CHAKRAVORTY

Problemas multiobjectivo de fluxo de potência ótimo

Sob a influência do cenário de produção distribuída

ScienciaScripts

Imprint
Any brand names and product names mentioned in this book are subject to trademark, brand or patent protection and are trademarks or registered trademarks of their respective holders. The use of brand names, product names, common names, trade names, product descriptions etc. even without a particular marking in this work is in no way to be construed to mean that such names may be regarded as unrestricted in respect of trademark and brand protection legislation and could thus be used by anyone.

Cover image: www.ingimage.com

This book is a translation from the original published under ISBN 978-620-8-11826-6.

Publisher:
Sciencia Scripts
is a trademark of
Dodo Books Indian Ocean Ltd. and OmniScriptum S.R.L publishing group

120 High Road, East Finchley, London, N2 9ED, United Kingdom
Str. Armeneasca 28/1, office 1, Chisinau MD-2012, Republic of Moldova, Europe
Printed at: see last page
ISBN: 978-620-3-34162-1

Conteúdo

A natureza evolutiva dos sistemas eléctricos introduziu novos desafios e oportunidades, particularmente com a crescente integração da produção distribuída (GD). Este livro, intitulado Multi-Objective Optimal Power Flow Problems Under the Influence of Distributed Generation Scenario, procura explorar estes desafios, centrando-se na questão complexa mas crítica do Multi-Objective Optimal Power Flow (MOOPF). À medida que os recursos energéticos distribuídos - como a energia solar, eólica e o armazenamento de energia em pequena escala - se tornam mais prevalecentes, a sua influência na estabilidade, fiabilidade e eficiência da rede eléctrica não pode ser ignorada. As abordagens tradicionais à análise do fluxo de potência já não são suficientes para lidar com as complexidades introduzidas por estas fontes distribuídas.

Os problemas MOOPF envolvem a otimização de múltiplos objectivos contraditórios, tais como a minimização dos custos de produção, a redução das perdas de energia, o aumento da estabilidade da tensão e a garantia da sustentabilidade ambiental. A inclusão de GD acrescenta outra camada de complexidade devido à sua natureza intermitente, localizações descentralizadas e capacidade variável. Este livro aborda estes desafios multidimensionais, oferecendo fundamentos teóricos, bem como estudos de casos práticos, para ilustrar o impacto da GD nas operações do sistema elétrico.

Um dos principais objectivos deste livro é apresentar uma análise abrangente da forma como a GD altera o panorama do fluxo de energia, as restrições do sistema e o desempenho da rede. Aborda questões fundamentais, tais como a forma de otimizar a distribuição de energia, equilibrando vários objectivos, a forma como a GD influencia as decisões operacionais e a forma de gerir a natureza dinâmica e flutuante das fontes de energia renováveis. O livro também fornece informações sobre novas técnicas de otimização, incluindo algoritmos evolutivos, otimização por enxame de partículas e outros métodos heurísticos que são particularmente adequados para resolver problemas complexos de MOOPF.

Destinado tanto a investigadores académicos como a profissionais da indústria, este livro serve de guia para quem trabalha na intersecção de sistemas de energia e otimização. Os estudantes que frequentam cursos avançados de engenharia eletrotécnica ou de sistemas de energia também o acharão um recurso valioso para compreender os métodos e ferramentas de ponta disponíveis para gerir redes eléctricas modernas influenciadas pela produção distribuída. Em última análise, este livro pretende contribuir para o discurso em curso sobre a forma de garantir um fornecimento de energia eficiente, fiável e sustentável face aos rápidos avanços tecnológicos e às mudanças no panorama energético.

RESUMO

No século XXI, a rede do sistema de energia é optimizada para obter a máxima eficiência, a fim de satisfazer a procura crescente de energia. Os desafios encontrados por um engenheiro de sistemas de energia, neste cenário, são os de manter sempre a estabilidade da tensão e minimizar a perda real de energia (RPL) numa base contínua, o que, por sua vez, ajuda os engenheiros a planear adequadamente a operação e o controlo do sistema de energia. As produções de energia esforçam-se por assegurar o funcionamento económico dos sistemas eléctricos, ao mesmo tempo que enfrentam os desafios do aumento dos custos dos combustíveis, das perdas reais de energia e do aumento da procura de eletricidade. A preocupação mais importante na vida de hoje é satisfazer o aumento da procura de eletricidade com uma utilização eficaz das redes existentes e o perfil de tensão dos barramentos dos sistemas deve ser mantido dentro dos limites prescritos. As empresas de distribuição de eletricidade tendem a integrar diferentes tipos de unidades de produção distribuída (GD) na rede de distribuição.

O objetivo vivo das centrais eléctricas é satisfazer a procura de carga indispensável com os custos operacionais mais baixos possíveis, tendo em conta as restrições de igualdade e desigualdade. Os potenciais benefícios oferecidos pelas unidades de GD são a redução das perdas de energia real, a minimização das perdas de energia reactiva, o aumento da fiabilidade do sistema e da estabilidade da tensão, a melhoria da qualidade da energia, a redução dos custos de investimento e de funcionamento dos sistemas de distribuição, a poupança no custo dos combustíveis fósseis, a redução dos custos de emissão, a diminuição das emissões e a conservação dos recursos naturais. A atribuição e o dimensionamento incorrectos das unidades de GD podem resultar em perdas elevadas nas linhas, instabilidade da tensão, má qualidade da energia e degradação da proteção.

Os problemas do sistema de energia são classificados em problemas de planeamento, operação e controlo, segurança e estabilidade. O problema do fluxo de carga e do fluxo de carga ótimo desempenha um papel muito importante no funcionamento e planeamento do sistema de energia num ambiente desregulamentado da indústria da eletricidade. A análise do fluxo de carga é a solução de um sistema de transmissão de energia eléctrica em condições de funcionamento estável e é o primeiro passo para a solução de uma série de problemas do sistema de energia. O fluxo de potência ótimo é amplamente utilizado para fins de operação e planeamento económicos e seguros dos sistemas de energia. Atualmente, os algoritmos de pesquisa estocástica baseados em populações são muito populares no domínio da investigação em inteligência computacional. Alguns algoritmos de pesquisa bem estabelecidos, como o Algoritmo Genético (GA) e a Otimização por Enxame de Partículas (PSO), são implementados com sucesso para resolver os problemas do Fluxo de Carga (LFP) e do Fluxo de Potência Ótimo (OPF).

Neste trabalho de investigação, o Algoritmo de Algas Artificiais (AAA) é utilizado para a solução do problema de fluxo ótimo. Os principais objectivos do trabalho de investigação são minimizar a perda de potência real (RPL), o desvio de tensão num barramento e o custo operacional, obter o valor ótimo do nível de penetração da Geração Distribuída (DG) e explorar as possibilidades de alcançar a melhor solução/algoritmo para os problemas OPF multi-objectivos. O algoritmo proposto é simulado no software MATLAB R2019b e a eficiência do mesmo é testada no sistema de distribuição radial de barramentos IEEE6, IEEE 30, IEEE 33 e IEEE 69 e são obtidos resultados adequados quando comparados com outras técnicas de otimização. O resultado da otimização demonstra a capacidade da abordagem proposta para gerar soluções Pareto-óptimas diversas e bem distribuídas. Além disso, quando comparados, os resultados revelam que o algoritmo proposto superou todas as outras técnicas de otimização em termos de robustez, precisão e velocidade de convergência.

CAPÍTULO-1

VISÃO GERAL E EVOLUÇÃO DO FLUXO DE POTÊNCIA ÓPTIMO

1.1 INTRODUÇÃO

A procura de energia eléctrica tem crescido rapidamente nos últimos anos devido ao aumento da população e ao crescimento das indústrias. As empresas de eletricidade são chamadas a fornecer mais energia através das suas redes para manterem operações óptimas e seguras do sistema de energia. No período atual, o fluxo de potência ótimo (OPF) tornou-se uma ferramenta importante para resolver diferentes restrições do sistema de energia que podem ser úteis no planeamento e operação do sistema de energia. A função objetivo no caso do fluxo de potência ótimo é um carácter de custos de produção lineares ou quadráticos que são concebidos a partir das variáveis de decisão. Estas restrições são necessárias para simular várias incidências do sistema de energia, tais como os limites térmicos das linhas e dos geradores, bem como as estratégias de controlo. Convencionalmente, o funcionamento ótimo das redes do sistema de energia eléctrica baseia-se na minimização dos custos e é designado por problema de fluxo de potência ótimo. A operação óptima de redes de sistemas de energia eléctrica envolve a resolução de problemas de otimização multi-objetivo com caraterísticas não lineares e não convexas. Os métodos de solução tradicionais podem não produzir a melhor solução global devido às não linearidades do problema. Torna-se, portanto, uma tarefa exigente obter uma solução verdadeiramente óptima para os problemas de fluxo de potência real e reactiva.

A investigação proposta ajusta de forma óptima as variáveis de controlo do sistema de energia com o objetivo de minimizar a perda de energia real, os desvios de tensão, os custos, etc., satisfazendo simultaneamente várias restrições de igualdade e desigualdade. O grande desafio que consiste em determinar a dimensão e a localização óptimas, bem como o impacto dos diferentes tipos de GD na rede de distribuição, tem suscitado um grande interesse de investigação, especialmente por parte dos engenheiros de sistemas de energia. Na conceção, construção e manutenção de qualquer sistema de engenharia, os engenheiros têm de tomar muitas decisões tecnológicas e de gestão em várias fases. O objetivo da decisão é minimizar o custo ou o esforço necessário e maximizar o benefício desejado. Na vida real, um decisor é confrontado com múltiplos objectivos. Existem muitos problemas que envolvem múltiplos objectivos que devem ser optimizados simultaneamente. Isto leva a uma abordagem de resolução de problemas de fluxo de potência ótimo multi-objetivo e, em relação a isto, a otimização desempenha um papel importante na rede do sistema de energia. A otimização é o ato de obter o melhor resultado em determinadas situações. A rede convencional do sistema de energia não é capaz de satisfazer a procura crescente de eletricidade. A produção distribuída (GD) é o melhor substituto, sendo a eletricidade produzida perto do centro de carga. A produção distribuída (GD) refere-se a geradores que estão ligados à rede de distribuição. Estão ligados mais perto da carga e têm a capacidade de reduzir ou adiar a necessidade de investimento na infraestrutura de transporte e distribuição, quando otimamente dimensionados e localizados. Podem reduzir as perdas técnicas nas redes de transporte e distribuição, melhorando assim a qualidade da energia e a fiabilidade do sistema. A penetração da produção distribuída (GD) nos sistemas de distribuição pode melhorar o funcionamento dos sistemas eléctricos, melhorando o perfil de tensão, reduzindo as perdas de energia dos alimentadores de distribuição, reduzindo os custos de manutenção, bem como o carregamento dos comutadores de derivação dos transformadores durante as horas de ponta. Para resolver esta situação, é formulado um problema de otimização em que o objetivo é otimizar várias funções objetivo em simultâneo. Existem dois métodos principais para resolver este problema:

i) **Método não-interativo:** Neste método, uma função de preferência global dos objectivos é identificada e optimizada em relação às restrições.

ii) **Método interativo**: Neste método, uma função de preferência de objetivo ou de compromisso entre objectivos é identificada através da interação com o decisor e a solução evolui gradualmente para um ótimo global. Para tornar o problema não trivial, parte-se do princípio de que os objectivos estão em conflito e são incomensuráveis. Devido à natureza conflituosa dos objectivos, geralmente não é possível obter uma solução óptima que maximize ou minimize simultaneamente todos os critérios. As técnicas multi-objetivo dão-nos várias soluções não inferiores, todas elas candidatas à solução óptima. A melhor solução de compromisso é uma solução eficiente que maximiza a função de preferência do decisor. Na maioria das vezes, o segundo método é preferido para encontrar uma solução não inferior (Pareto - óptima, não dominada). Qualitativamente, numa solução não inferior, qualquer melhoria de uma função objetivo só pode ser alcançada à custa de outra. Em geral, um sistema elétrico de grande escala tem de atingir múltiplos objectivos. O funcionamento ótimo do sistema de energia é alcançado quando vários objectivos, como o custo da produção, as perdas de transmissão do sistema, a poluição ambiental, a segurança, etc., são atingidos simultaneamente. Nos problemas de otimização multiobjectivo, as funções de objetivo podem ser optimizadas separadamente umas das outras e pode ser encontrada a melhor solução para cada dimensão de objetivo. Raramente é possível encontrar soluções adequadas para todas as funções. Isto deve-se ao facto de, na maioria dos casos, as funções objetivo estarem em conflito umas com as outras. O resultado é um grupo de soluções alternativas que são consideradas equivalentes na ausência de informação sobre a relevância de cada objetivo em relação aos outros, ou seja, não existe um valor ótimo único como na otimização com um único objetivo. A família de soluções de um problema de otimização multiobjectivo é composta por todas as soluções potenciais tais que os componentes dos vectores objetivo correspondentes não podem ser todos melhorados simultaneamente. Este é o conceito de optimalidade de pareto. O ótimo de Pareto dá geralmente origem a um grupo de soluções chamadas soluções não inferiores ou não dominadas, em vez de uma única solução.

As técnicas de otimização tradicionais, como os métodos baseados no gradiente, são difíceis de alargar ao verdadeiro caso multiobjectivo. Na maioria dos casos, os problemas multiobjectivos têm de ser reduzidos a um problema de objetivo único antes de a otimização do resultado produzir um único ótimo de pareto para cada execução do processo de otimização. Além disso, a otimização multiobjectivo prefere fornecer um grupo de soluções óptimas de pareto ao decisor. Uma vez que os algoritmos de computação evolutiva lidam com um grupo de soluções candidatas, é natural utilizar algoritmos de computação evolutiva em problemas de otimização multiobjectivo com restrições para encontrar um grupo de soluções óptimas de pareto simultaneamente. Nos últimos anos, foram desenvolvidos muitos algoritmos de otimização baseados em algoritmos evolutivos. Neste trabalho, a otimização por enxame de partículas, o algoritmo de Newton Raphson, o algoritmo de evolução diferencial e o algoritmo de algas artificiais foram utilizados para resolver problemas de otimização multi-objetivo. Em comparação com o algoritmo genético, o mecanismo de partilha de informação no PSO é significativamente diferente. No AG, a informação é partilhada entre os cromossomas. Assim, toda a população se move como um grupo em direção a uma área óptima. No PSO, apenas o melhor dá informação aos outros. Todas as partículas tendem a convergir rapidamente para a melhor solução. Por isso, requer apenas a afinação de alguns parâmetros e é mais adequado para resolver problemas multiobjectivo. O PSO tem um desempenho de pesquisa comparativamente superior para problemas de otimização difíceis com uma taxa de convergência estável mais rápida. O método mais utilizado para avaliar a aptidão dos indivíduos inviáveis é a utilização de funções de penalização. Quando a maioria destas tentativas assume que os dados do sistema são determinísticos, isso significa que todas as informações de entrada são conhecidas com total certeza e os planos óptimos de despacho são sempre realizados exatamente. O problema do fluxo de potência também pode ser resolvido através do método de Newton-Raphson. De facto, entre os numerosos métodos de solução disponíveis para a análise do fluxo de potência, o método de Newton-Raphson é considerado o mais sofisticado e importante. Outro método utilizado é o algoritmo de Evolução Diferencial (DE). É um dos melhores algoritmos utilizados na solução óptima do fluxo de potência para obter uma solução óptima através da redefinição das variáveis de controlo. No trabalho de investigação, foi proposto um novo método que é o algoritmo de algas artificiais. O AAA tenta resolver os problemas de otimização com um espaço de solução continuamente estruturado. Consiste em três fases designadas por processo evolutivo, movimento helicoidal e adaptação. Vários objectivos, como o despacho económico, as perdas no sistema de energia, a estabilidade da tensão, etc., podem ser optimizados para obter os melhores resultados. Na prática, um sistema de energia tem várias imprecisões e incertezas na informação de entrada que conduzem a desvios do funcionamento ótimo e afectam também outros parâmetros. Quando um fenómeno tem um certo elemento de incerteza, esse fenómeno depende do acaso. A teoria das probabilidades pode ser utilizada para descrever as caraterísticas deste tipo de problemas. A probabilidade é definida em termos de probabilidade de um acontecimento específico. Para obter uma solução para este problema, cujo valor exato não é conhecido, são utilizadas variáveis aleatórias.

Uma vez que a experiência é representada por parâmetros estatísticos, o passo seguinte é a aplicação de técnicas especiais de análise e conceção ao ambiente estocástico. Este procedimento constitui a base da abordagem probabilística. Assim, o desempenho passado pode ser compreendido e o desempenho futuro pode ser previsto de uma forma mais consistente. Embora a utilização da técnica probabilística seja mais realista, é muito complexa devido a problemas conceptuais, de modelização, computacionais e de recolha de dados. Estas tarefas podem ser difíceis, o que pode levar a requisitos contraditórios e à necessidade de simplificar os pressupostos. A variável aleatória é uma ferramenta importante e poderosa para resolver problemas probabilísticos práticos. A produção de eletricidade pode ser considerada como uma variável aleatória discreta cujo valor esperado se situa no intervalo dos seus limites mínimo e máximo. A média ou o valor esperado é utilizado para descrever a tendência central da variável aleatória, indicando a localização de uma distribuição num determinado eixo de coordenadas. Uma medida da variabilidade da variável aleatória é geralmente dada por uma quantidade conhecida como desvio padrão. A variância mede a amplitude de uma função de densidade. É necessário conhecer a média e a variância de uma variável aleatória. A média é o valor esperado e a variância dá a quantidade de variação esperada em relação à média. A variância em relação ao valor médio fornece informações ao operador do sistema elétrico relativamente ao risco. A variação da potência em torno da sua média deve ser reduzida.

A procura de carga no sistema de distribuição está sujeita a um forte aumento devido ao desenvolvimento contínuo e ao crescimento económico. Por conseguinte, os sistemas de distribuição estão a funcionar perto dos limites da instabilidade da tensão em muitos países em desenvolvimento. A questão mais importante que limita o aumento da carga servida pelas empresas de distribuição é a diminuição da margem de estabilidade da tensão. A integração das GD no sistema de distribuição é motivada pelas questões da modernização das subestações, da expansão dos sistemas de transmissão e do rápido crescimento das necessidades de energia eléctrica, bem como pelos problemas de suporte da capacidade necessária. A integração das GD nos sistemas de distribuição permite melhorar os perfis de tensão e garantir a qualidade da energia. Serviços adicionais fornecidos pelas unidades de GD quando integradas nos sistemas de distribuição, como a compensação de perdas de energia, a reserva giratória, o controlo da frequência e o apoio à potência reactiva. Por outro lado, o funcionamento incorreto das GD e o seu pior planeamento podem levar ao aumento das perdas de energia, ao fluxo inverso de energia e a sobrecargas nos alimentadores.

A integração da GD é mais económica porque proporciona à rede uma maior capacidade de abastecimento e uma reserva de energia suplementar. A GD funciona como uma energia alternativa que pode satisfazer as necessidades do aumento da procura de energia, da eficiência do fornecimento de energia e do custo da eletricidade durante as horas de ponta. A integração da GD tem um impacto crítico no funcionamento do sistema de distribuição. Uma localização incorrecta da GD pode levar a um aumento das perdas de energia do sistema e dos custos totais do sistema, que incluem os custos de instalação, funcionamento e manutenção. Por outro lado, a atribuição optimizada de GD melhorará o funcionamento do sistema em termos de minimização das perdas de energia real e reactiva e de melhoria do perfil de tensão, melhorando a fiabilidade e a qualidade da energia. A afetação óptima das GD nos sistemas de distribuição proporciona a maior vantagem da aplicação das GD, juntamente com a melhoria do perfil de tensão.

Uma vez que a integração das GD no sistema de distribuição pode melhorar o desempenho do sistema ou diminuir as perdas do sistema, é necessário um método adequado para a integração das GD, como a dimensão e o local das corporações de distribuição. Este efeito suscita um interesse significativo com vários métodos, restrições e objectivos. Com a integração das GD no lado da distribuição do sistema elétrico, que está muito próximo do consumidor ou da carga, a direção do fluxo de energia foi alterada em conformidade. Mas a direção do fluxo de energia no sistema tradicional é da produção para a distribuição e, finalmente, para o consumidor.

1.2 EVOLUÇÃO HISTÓRICA

Em 1855, após a primeira revolução industrial, surgiu a palavra "otimização", ou seja, tirar o melhor partido de qualquer coisa. Quer se trate de problemas contínuos complexos ou de optimizações combinatórias discretas NP-difíceis, hoje em dia é mais provável encontrar uma solução viável utilizando um algoritmo iterativo aleatório num curto espaço de tempo do que os algoritmos determinísticos tradicionais. Atualmente, com a evolução acelerada das tecnologias informáticas e a disponibilidade de software de fácil utilização, capaz de executar tarefas complexas com um grande número de variáveis de decisão e velocidades de cálculo elevadas, os algoritmos meta-heurísticos são amplamente utilizados para problemas de otimização global. O planeamento, o desenvolvimento, a gestão e o funcionamento dos sistemas de energia modernos podem ser racionalmente considerados como problemas de otimização a longo ou a curto prazo. A indústria de sistemas de energia tem a mais longa história de desenvolvimento entre as várias áreas da engenharia eléctrica. A otimização numérica tem desempenhado um papel importante. A existência de métodos de otimização pode ser rastreada até aos dias de Newton, Lagrange e Cauchy. O avanço dos métodos de cálculo diferencial para otimização pode ser atribuído às contribuições de Leibnitz e Newton para o cálculo. Os fundamentos do cálculo das variações, que se relacionam com a minimização de funções, foram dados por Bernoulli, Euler, Lagrange e Weistrass. A técnica de otimização para problemas de otimização de engenharia com restrições, que adiciona multiplicadores desconhecidos ao problema. Foi baptizada com o nome do seu inventor, Lagrange. Cauchy implementou pela primeira vez a técnica da descida mais íngreme para resolver problemas de engenharia de otimização sem restrições. Em meados do século XX, os computadores digitais muito rápidos permitiram a implementação de processos de otimização complexos e deram início a novas investigações sobre técnicas inovadoras. Seguiram-se grandes avanços, gerando uma grande quantidade de literatura sobre técnicas de otimização. Este desenvolvimento também levou ao aparecimento de vários novos campos bem definidos na teoria da otimização.

1.3 PROCURA DE UM FLUXO DE POTÊNCIA ÓPTIMO (OPF)

O fluxo de potência ótimo multi-objetivo optimiza vários objectivos ao mesmo tempo e encontra os melhores resultados adequados entre todos os conjuntos alternados de soluções. A otimização é o ato de obter o melhor resultado em determinadas circunstâncias. O OPF é aplicado para regular as saídas e tensões de potência ativa dos geradores, condensadores/reactores de derivação, ajustes de derivação do transformador e outras variáveis reguláveis para minimizar o custo do combustível, a perda de potência ativa da rede, mantendo as tensões do barramento de carga, as saídas de potência reactiva dos geradores, os fluxos de potência da rede e todas as outras variáveis de estado nos seus limites operacionais e seguros. As soluções que podemos obter para as condições de carga do sistema de energia estática são o despacho de energia ativa e reactiva. Aqui, o sistema de potência estático refere-se à capacidade do sistema de potência de regressar a um estado estacionário após pequenas perturbações de modo. Nestas condições, o valor dos fluxos de potência ativa é utilizado para monitorizar o cumprimento das margens de estabilidade estática legais. Também ajuda o sistema a aumentar a segurança da tensão quando há uma mudança súbita nos picos de demanda de carga. O requisito de um fluxo de potência ótimo é manter um elevado grau de fiabilidade, segurança, minimizar os desvios de tensão, minimizar as perdas de potência real e reactiva e muito mais. A solução de fluxo de potência ótimo permite obter o melhor ponto de funcionamento seguro de acordo com determinadas funções objetivo e satisfazendo as restrições de funcionamento do sistema.

1.4 OPTIMIZAÇÃO MULTIOBJECTIVO, MÉTODOS E APLICAÇÕES

A otimização multiobjectivo é também conhecida popularmente como programação multiobjectivo, otimização multicritério, otimização vetorial, otimização multiponto que pode resolver mais do que uma função objetivo a ser optimizada simultaneamente. O principal desafio para a implementação de métodos de otimização é o planeamento e a resolução de dificuldades de otimização complexas e não lineares. Podemos resolver muitos problemas do sistema de energia que surgem no domínio do sistema de energia. Vários problemas de otimização podem ser resolvidos através de métodos de otimização. Os métodos de modelação desempenham um papel importante na resolução destes problemas. Também participam na tomada de decisões e comparam diferentes funções de objetivo. Muitos métodos de otimização multi-objetivo envolvem a comparação e a tomada de decisões sobre diferentes funções objetivo. É necessário converter as funções objetivo para que se possa obter uma ordem de grandeza semelhante[1]. No método de programação matemática, a Programação Linear (PL), em que as restrições e as funções objetivo são funções lineares, e a Programação Não Linear (PNL), em que as funções objetivo e as restrições são funções não lineares. A Figura 1.1 mostra o diagrama de fluxo das técnicas de otimização.

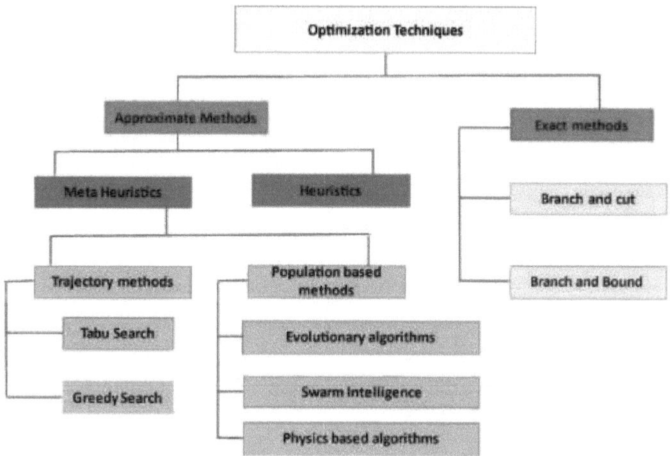

Figura 1.1 Diagrama de fluxo das técnicas de otimização

Existem várias aplicações da Otimização Multi-Objetivo no domínio do sistema de energia:

* Tomada de decisões
* Otimização da programação de fontes renováveis
* Armazenamento de energia
* Otimização da estrutura da rede
* Redução das perdas através da reconfiguração da rede
* Planeamento e operação de sistemas de energia
* Compromisso da unidade
* Expedição económica
* Atribuição de fontes reactivas
* Programação da manutenção
* Redução da poluição

1.5 CLASSIFICAÇÃO DAS TÉCNICAS DE OPTIMIZAÇÃO

Os objectivos das técnicas de otimização são minimizar as perdas de energia, os custos, os erros, etc., ou maximizar a eficiência, a qualidade, o lucro, etc., com base em algumas restrições. Existem muitos parâmetros com base nos quais as técnicas de otimização podem ser classificadas. Basicamente, são classificadas como otimização de objetivo único e otimização multi-objetivo. Na otimização de objetivo único, apenas uma função objetivo é utilizada para a otimização, enquanto que no método de otimização multi-objetivo, são utilizadas muitas funções objetivo para resolver problemas do sistema de energia. Uma solução melhor e mais precisa é resolvida pela otimização de objetivo único, mas na otimização multiobjectivo, podemos obter um conjunto de soluções melhores e mais precisas para qualquer problema do sistema de energia. Existem métodos ou algoritmos mais tradicionais e recentes para resolver problemas de otimização multiobjectivo. Os problemas de otimização podem ser classificados com base no tipo de restrições, na natureza das variáveis de projeto, na estrutura física do problema, na natureza das equações envolvidas, na natureza determinística das variáveis, no valor admissível das variáveis de projeto, na separabilidade das funções e no número de funções objetivo.

a) Classificação baseada na existência de restrições
1. Restrito
2. Sem restrições

b) Classificação com base na natureza das equações envolvidas
1 Problema de programação quadrática
2 Problema de Programação Geométrica
3 Problema de programação não linear
4 Problema de Programação Linear

c) Classificação baseada na natureza determinística das variáveis
1 . Problema de Programação Estocástica
2 Problema determinístico

d) Classificação baseada na estrutura física do problema
1. Controlo ótimo
2. Problemas de controlo não ótimo

e) Classificação baseada na separabilidade da função
1 . Problemas de programação separável
2 .problemas de programação não separáveis

f) Classificação baseada no número de funções objectivas
1. Problemas de programação simples
2. Problemas de programação multi-objetivo

1.6 VÁRIAS TÉCNICAS CLÁSSICAS DE OPTIMIZAÇÃO

Existem vários métodos clássicos que são úteis para encontrar a solução óptima de funções contínuas e diferenciáveis. Estes métodos são analíticos e utilizam as técnicas do cálculo diferencial para localizar os pontos óptimos. O estudo dos métodos de cálculo de otimização constitui uma base para o desenvolvimento da maior parte das técnicas numéricas de otimização apresentadas nos capítulos seguintes. Este capítulo apresenta as condições necessárias e suficientes para localizar a solução óptima de uma função monovariável, de uma função multivariável sem restrições e de uma função multivariável com restrições de igualdade e desigualdade. Aborda a otimização monovariável, o problema da programação convexa, bem como a otimização multivariável sem restrições, com restrições de igualdade e com restrições de desigualdade. Existem várias técnicas clássicas de otimização:

a) Otimização de uma variável

Esta otimização pode ser definida como uma otimização não linear sem restrições e existe apenas uma variável de decisão nesta otimização para a qual estamos a tentar encontrar um valor.

b) Otimização Multivariável

No problema de otimização multivariada, tem de haver mais do que uma variável de decisão nesta otimização para a qual estamos a tentar encontrar um valor, como se mostra nas Equações (1.1-1.3)

$$min f(x) \qquad (1.1)$$
$$w.r.t \ x \qquad (1.2)$$
$$x \in R \qquad (1.3)$$

c) Otimização Multivariável com Restrições de Igualdade

Em matemática, a igualdade é uma relação entre duas quantidades ou, mais geralmente, duas expressões matemáticas, afirmando que as quantidades têm o mesmo valor ou que as expressões representam o mesmo objeto matemático. Assim, se for dada uma função objetivo com mais do que uma variável de decisão e com uma restrição de igualdade, existem diferentes formas de soluções, como

- Solução por substituição direta
- Solução pelo Método da Variação Restrita
- Solução pelo método do multiplicador de Lagrange

d) Otimização multivariável com restrições de desigualdade

Em matemática, uma desigualdade é uma relação que estabelece uma comparação não igual entre dois números ou outras expressões matemáticas. É utilizada mais frequentemente para comparar dois números na reta numérica pelo seu tamanho. Existem várias notações utilizadas para representar diferentes tipos de desigualdades [25]. Entre elas, $<, >, \leq, \geq$ é a notação mais popular para representar diferentes tipos de desigualdades. Assim, se for dada uma função objetivo com mais de uma variável de decisão e com uma restrição de desigualdade, existem diferentes formas de soluções, como

- Condições de Kuhn-Tucker
- Qualificação de restrições
- Problema de programação convexa

1.7 ALGORITMOS ÓPTIMOS MULTIOBJECTIVO

Para garantir um funcionamento eficiente e fiável dos componentes do sistema de energia, são utilizadas técnicas de otimização em todas as fases de planeamento e operação. Por exemplo, são utilizadas no planeamento da expansão do sistema de energia, na programação dos geradores, na regulação dos dispositivos de controlo, na avaliação das margens de segurança e em várias outras tarefas críticas. Os algoritmos e modelos de otimização são utilizados para resolver problemas de otimização[6]. Os algoritmos exactos são capazes de encontrar o valor ótimo global, mas não são eficientes para grandes problemas. Os algoritmos não exactos garantem ou não a obtenção de um determinado nível de qualidade dos resultados. Os algoritmos tradicionais são conhecidos por algoritmos de aproximação e os novos algoritmos são designados por heurísticas. A maioria dos métodos baseia-se em determinadas caraterísticas e comportamentos de sistemas biológicos, moleculares, enxames de insectos e neurobiológicos [7]. Tais como:

- Algoritmos genéticos
- Otimização por enxame de partículas
- Recozimento simulado

- Otimização por colónias de formigas
- Otimização difusa
- Métodos baseados em redes neuronais e muitos mais ...

1.8 OBJECTIVOS DA INVESTIGAÇÃO

O processo de otimização dos métodos de otimização baseados na população existentes que têm sido utilizados para resolver o problema OPF exige a afinação adequada de diferentes parâmetros algorítmicos. A afinação incorrecta de tais parâmetros resulta no aumento da carga computacional ou produz soluções óptimas locais. Assim, uma das principais motivações para a realização deste trabalho é a utilização de um novo método de otimização meta-heurística que não envolve a afinação de quaisquer parâmetros específicos do algoritmo.

Produzir uma frente de Pareto óptima real e bem distribuída ao resolver o problema MOOPF é uma tarefa muito complexa. Apenas alguns dos algoritmos de otimização baseados na população que foram propostos para resolver o problema MOOPF podem garantir a produção de um conjunto de óptimos de Pareto verdadeiro e bem distribuído que esteja muito próximo da frente de Pareto global. Com o aumento dos níveis de penetração da GD nos sistemas de energia eléctrica, é crucial atualizar as actuais formulações dos problemas de OPF para lidar com o efeito da GD. Em particular, o efeito da GD não foi incorporado nas formulações OPF existentes, considerando todas as outras variáveis de controlo clássicas.

Há ainda muitas restrições e existe não-linearidade, que podem ser incorporadas no futuro problema OPF. A investigação do fluxo de potência real ótimo utilizando várias restrições para minimizar a perda de potência real, o desvio de tensão, o custo de funcionamento, etc., é uma necessidade atual. Problemas relacionados com a validação matemática, restrições do mercado desregulado, incorporação de contingências e integração de fontes renováveis são os mais recentes desafios para futuros problemas de OPF. O principal objetivo deste trabalho de investigação é localizar e dimensionar de forma optimizada diferentes tecnologias de GD em sistemas de distribuição, com vista a minimizar as perdas de energia do sistema, melhorar o perfil de tensão, minimizar o custo da perda de energia e melhorar o índice de estabilidade da tensão. O enriquecimento futurista do estudo atual pode ser o desenvolvimento de uma técnica OPF, que pode fornecer melhores resultados. Com base nas lacunas da investigação, foram identificados os seguintes objectivos para a realização do trabalho de investigação:

- Para minimizar a perda de potência real (RPL), o desvio de tensão num barramento e o custo de funcionamento.
- Obter o valor ótimo do nível de penetração da produção distribuída (GD).
- Explorar as possibilidades de obter a melhor solução/algoritmo para os problemas OPF multi-objectivos.

1.9 IDENTIFICAÇÃO DO PROBLEMA

O principal problema das GD é o seu dimensionamento e penetração óptimos na rede de distribuição [8-13]. Se as GD não forem distribuídas de forma optimizada no sistema de distribuição, isso aumentará as perdas de energia, a queda do perfil de tensão, a inversão dos fluxos de energia, etc. Podem ser consideradas as seguintes opiniões substanciais:

* Identificar todas as restrições relacionadas com a penetração das GD na rede de distribuição.
* Identificar o tipo de sistema de GD para penetração na distribuição na rede de distribuição.
* Identificar a dimensão óptima da penetração do sistema de GD na rede de distribuição.
* Identificar o número ótimo de penetração do sistema de GDs na rede de distribuição.
* Identificar a localização óptima para a penetração do sistema de GD na rede de distribuição.

1.10 METODOLOGIA

A metodologia adoptada para o trabalho de investigação proposto é a seguinte:

* O trabalho consiste na modelação do ambiente de geração distribuída com um sistema de distribuição ligado à geração distribuída utilizando o MATLAB.
* A análise da penetração das GD, das perdas de energia, da gestão do perfil de tensão e do fluxo inverso de energia é efectuada neste ambiente de produção de distribuição.
* A simulação do algoritmo de algas artificiais é feita em MATLAB para o problema da penetração de DGs de tamanho ótimo numa localização óptima. Minimização da perda de energia, melhoria do perfil de tensão e redução de custos no ambiente de geração de distribuição.

1.11 RESUMO

Este primeiro capítulo fornece informações sobre a introdução ao fluxo de potência ótimo, otimização multiobjectivo, métodos e aplicações, várias técnicas de otimização, os objectivos da investigação, metodologias e o esboço da dissertação.

CAPÍTULO 2

REVISÃO DA LITERATURA

2.1 INTRODUÇÃO

No sistema de distribuição radial, vários engenheiros de sistemas eléctricos procuraram formas de reduzir os custos e, ao mesmo tempo, reduzir as perdas e melhorar os perfis de tensão. Apresentaram os seus resultados numa série de trabalhos de investigação. Este capítulo centra-se nos estudos de investigação que diferentes investigadores no domínio dos sistemas de energia publicaram. O foco principal da revisão da literatura é a colocação óptima de unidades de GD no RDS como problemas de objetivo único e de objetivo múltiplo. No âmbito dos problemas de objetivo único e de objetivo múltiplo, é apresentada uma revisão da literatura sobre a melhor colocação de um único e de vários tipos de GD, de forma independente e simultânea. É também feita uma revisão da literatura sobre várias estratégias de otimização utilizadas na investigação.

2.2 REVISÃO DA LITERATURA SOBRE FLUXO DE POTÊNCIA ÓPTIMO

A abordagem OPF é utilizada para identificar as definições de cada variável que resultarão no fluxo de potência máximo do sistema. Algumas das abordagens numericamente aplicáveis são o método do gradiente, o método LP, o método QP, o método de programação quadrática sucessiva, o método de Newton e os métodos de pontos interiores.

Numa OPF, é necessário melhorar (no mínimo ou no máximo) um objetivo predefinido através da aprendizagem das estimativas de alguns ou da maioria dos factores de controlo. A precisão do modelo é o que determina a aparência do layout. A função objetivo assume várias formas, como o custo do combustível, as perdas de transmissão e a atribuição de fontes reactivas.

O objetivo básico da OPF é maximizar um determinado objetivo, tendo em conta as restrições operacionais do sistema e do equipamento, as equações do fluxo de potência da rede e outros factores. Ao obter o estado ideal, os controlos disponíveis são modificados e são depois utilizados para minimizar as funções objetivo de acordo com o tema.

A OPF é utilizada como uma ferramenta para o funcionamento e planeamento óptimos dos sistemas de energia modernos. Devido a vários problemas criados com variáveis de controlo discretas e contínuas, os algoritmos de otimização de IA, heurísticos e metaheurísticos são amplamente utilizados para resolver problemas de OPF. A maioria dos algoritmos tem sido aplicada com êxito a uma vasta gama de problemas de otimização de sistemas de energia em que existem regiões não diferenciáveis e as soluções globais são extremamente difíceis de determinar. Alguns dos algoritmos de otimização mais populares utilizados com frequência na resolução de problemas de OPF são apresentados a seguir. Um primeiro estudo completo relativo ao relatório de potência ideal foi dado por (Happ 1977) [14] e, desta forma, um trabalho do IEEE reuniu e apresentou no índice do livro uma visão geral dos trabalhos mais importantes sobre segurança monetária em (Happ et al. 1981). A partir de (Carpentier 1985) [15] apresentou uma revisão e ordenou os cálculos OPF tendo em conta a sua técnica de resposta.

Um dos autores, Jordan Radosavljevic [16], apresentou um relatório pormenorizado sobre vários trabalhos de investigação anteriores. B. Srinivasa Rao e K. Vaisakh [17] apresentaram um estudo pormenorizado sobre vários métodos aplicados para resolver problemas de OPF. Alguns dos métodos utilizados nesta investigação são os métodos LP, NLP, QP, NR, IP e AI. O plano de programação linear requer a linearização da capacidade pretendida e, adicionalmente, imperativos com factores não negativos. (J. Zhang, 2006) [18] apresentou a programação linear recursiva para limitar a linha, construiu o método e encontrou a atribuição ideal de condensadores numa estrutura distribuída.

Anastasios G. Bakirtzis ,et. Al [19] apresenta um algoritmo genético melhorado para a solução do fluxo de potência ótimo com variáveis de controlo contínuas e discretas. As variáveis de controlo contínuas modelizadas são as potências activas unitárias e as magnitudes da tensão gerador-bus, enquanto as discretas são os ajustes dos taps dos transformadores e os dispositivos shunt comutáveis. Uma série de restrições funcionais de funcionamento, tais como limites de fluxo de ramificação, limites de magnitude de tensão no barramento de carga e capacidades reactivas do gerador, são incluídas como penalizações na função de aptidão do algoritmo genético.

Thang Trung Nguyen [20], no seu artigo, propõe um novo algoritmo de otimização social melhorado (NISSO) para resolver o problema do fluxo de potência ótimo (OPF) para otimizar de forma independente o custo do combustível de produção de eletricidade, a perda de potência, a emissão de poluentes, o desvio de tensão e o índice L. O método NISSO proposto é desenvolvido pela primeira vez no artigo, através de três modificações destinadas a melhorar a qualidade da solução óptima e a acelerar a convergência da otimização social spider convencional (SSO).

Saket Gupta, Narendra Kumar, Laxmi Srivastava [21] aplica o algoritmo de enxame de aves (BSA) para encontrar a solução do problema do fluxo de potência ótimo (OPF). O BSA é um algoritmo evolutivo de inspiração biológica desenvolvido recentemente. Utiliza a inteligência de enxame derivada das interações sociais e dos comportamentos sociais dos enxames de aves para procurar uma solução óptima global. O objetivo da resolução de um problema de OPF é encontrar o ponto de funcionamento em estado estacionário de uma dada rede que optimize uma determinada função objetivo.

Reddy, S. [22] Neste artigo, a minimização dos custos de produção e a minimização das perdas de transmissão são consideradas como funções objetivo. A eficácia da abordagem proposta é examinada em sistemas de teste de 30 e 300 barramentos IEEE. Todos os estudos de simulação indicam que a abordagem MOO eficiente proposta é aproximadamente 10 vezes mais rápida do que a abordagem baseada na evolução algoritmos MOO. Neste documento, são também efectuados alguns estudos de caso, tendo em conta a modelação prática de cargas dependentes da tensão.

Rudra Pratap Singh, et al. [23] Neste artigo, o autor discute a otimização por enxame de partículas (PSO) com um líder envelhecido e desafiadores (ALC-PSO), que é aplicada para a solução do problema OPF do sistema de energia equipado com sistemas de transmissão CA flexíveis (FACTS). Os dois dispositivos FACTS, nomeadamente o condensador série controlado por tiristores e o variador de fase controlado por tiristores, são considerados para este estudo. Este estudo é implementado em sistemas de potência de teste IEEE 30-bus e IEEE 57-bus modificados com quatro objectivos diferentes.

2.3 REVISÃO DA LITERATURA SOBRE PRODUÇÃO DISTRIBUÍDA

O sistema de rede primária é constituído por uma rede de alimentadores primários interligados, alimentados a partir de várias subestações. Proporciona maior fiabilidade e qualidade de serviço do que um sistema radial ou de circuito. Encontram-se normalmente nas zonas centrais das grandes cidades com elevadas densidades de carga. Por conseguinte, o RDS é amplamente utilizado no sistema de energia eléctrica entre todos os outros sistemas de distribuição devido à sua simplicidade de configuração. No entanto, ocorrem quedas de tensão significativas e perdas de potência ativa ao longo dos alimentadores devido à elevada relação R/X. Assim, a redução das perdas na RDS é um dos aspectos fundamentais para as empresas de energia eléctrica reduzirem a quantidade de produção de eletricidade necessária para satisfazer a procura, o que resulta no custo das despesas de capital. A reconfiguração dos alimentadores é o método convencional para a redução das perdas na RDS.

A GD não é um conceito novo para as indústrias de energia e as instalações de GD actuais são, de certa forma, um regresso aos primeiros tempos da eletrificação, como afirmam Philipson & Willis (1999). Trata-se de uma nova tecnologia que surgiu após um longo período de tempo. O aumento da GD é uma das tendências mais importantes da indústria energética atual. O custo da produção de energia eólica e solar continua a diminuir, de acordo com o relatório de 2015 do Centro de Colaboração da Escola de Frankfurt-PNUA, "Tendências globais no investimento em energias renováveis". O mercado global de GD está a crescer rapidamente devido à poupança de custos, aos incentivos governamentais e ao interesse crescente em substituir as fontes de energia fósseis. Prevê-se que a capacidade instalada de produção distribuída (GD) aumente de 87,3 GW em 2014 para 165,5 GW em 2023, de acordo com uma análise recente da Navigant Research intitulada "Global Distributed Generation Deployment Forecast-2014-2023". Além disso, prevê-se que as receitas globais da GD aumentem de 97 mil milhões de dólares em 2014 para mais de 182 mil milhões de dólares em 2023.

2.3.1 DEFINIÇÃO DE DG

A GD é uma instalação que está diretamente ligada à rede de distribuição ou do lado do cliente da rede, tal como referido por Ackermann et al. (2001). Jenkins et al. (2000) definiram-na como: não é planeada centralmente, não é despachada centralmente, é normalmente inferior a 50 - 100 MW e está normalmente ligada à rede de distribuição. Nos mercados competitivos da energia, a produção distribuída de eletricidade, os recursos distribuídos, a capacidade distribuída e a utilidade distribuída são definidos por Ackermann T et al. [24].

A investigação de Bart Meersman, et al. [25] ilustra a forma como a topologia do inversor tem sido aplicada com vários esquemas de controlo. É investigado o modo como a ligação das unidades GD através de uma ligação trifásica, por oposição a uma ligação monofásica, afecta o desequilíbrio da tensão. Aconselha-se que as unidades GD sejam ligadas à rede através de um inversor trifásico gerido através de uma técnica de controlo de amortecimento trifásico. O inversor adicionará eletricidade ao sistema e reduzirá o desequilíbrio de tensão.

A fim de avaliar e prever o desequilíbrio da tensão da rede para as incertezas resultantes das potências fotovoltaicas dos telhados e das localizações, Farhad Shahniaa, et al. [26] utilizaram a abordagem de Monte Carlo. Com base nos resultados numéricos, é descrita uma caraterística generalizada do desequilíbrio de tensão das redes residenciais de BT causado pela instalação fotovoltaica em telhados.

No seu estudo, V. Calderaroa [27] mostrou como duas abordagens diferentes podem ser utilizadas para construir uma estratégia de controlo. É efectuada uma análise de sensibilidade da rede para determinar de que forma uma alteração da potência reactiva afecta a tensão, e é concebido um controlador difuso com base nos resultados da primeira análise. Comparando a abordagem difusa com o método de sensibilidade, o método difuso é mais favorável. Como o perfil de potência reactiva acompanha melhor as variações de tensão, oferece (i) um controlo de ação suave com um menor consumo de potência reactiva durante as operações de controlo e (ii) a afinação do controlador difuso é independente do conhecimento dos parâmetros e da topologia da rede.

O. Ipinnimoa e S. Chowdhurya [28] analisam e comparam exaustivamente várias técnicas de produção distribuída utilizadas pelos serviços públicos para reduzir as quedas de tensão nas redes eléctricas. É discutida a maioria das vantagens e desvantagens dos programas. Além disso, recomenda-se a utilização de IA para melhorar a atenuação das quedas de tensão.

A regulação adaptativa da tensão baseada na identificação (I-BAVR), que Abdelhamid Kechroud, Paulo F. Ribeiro e Wil. L. Kling [29] introduzem no seu artigo, utiliza a identificação em tempo real do circuito equivalente de Thevenin do sistema, fornecendo o rácio X/R para identificar o despacho de potência ativa e reactiva da unidade GD. O nível de tensão PCC pode ser mantido em níveis seguros utilizando a pseudo-reactiva para calcular as quantidades adequadas de potência ativa e reactiva. O nível de penetração da unidade DG não é contínuo e flutua de acordo com as circunstâncias operacionais da rede.

P.C. Olivala et al. [30], a estratégia para o controlo da tensão desenvolvida neste documento inclui um plano sofisticado para a gestão dos DER nas redes BT que pode ser uma ferramenta valiosa para o ORD, porque utiliza uma variedade de recursos distribuídos que podem estar disponíveis para garantir que os perfis de tensão sejam mantidos dentro de limites aceitáveis, uma abordagem que pode ajudar o ORD a gerir os perfis de tensão nas redes BT, maximizando a integração da microgeração renovável.

Nesta investigação, Siddharth Deshmukh, et al. [31] mostram como a injeção de potência reactiva de geradores distribuídos pode ser utilizada para reduzir o problema do controlo da tensão/VAR de uma rede de distribuição. É sugerida uma estratégia sub-óptima utilizando técnicas de programação convexa sequencial (SCP). Comparativamente a um solucionador global baseado no método branch and bound, a abordagem sugerida oferece uma solução quase óptima com uma complexidade de cálculo (tempo de execução) significativamente menor. A minimização da potência reactiva é a tónica principal deste estudo; o impacto da tensão/VAR nas perdas do sistema não é tido em conta na otimização do problema de controlo. Os efeitos da GD na tensão da rede de distribuição são explicados na Figura 2.1, onde a GD está localizada no local onde está colocado o gerador "G".

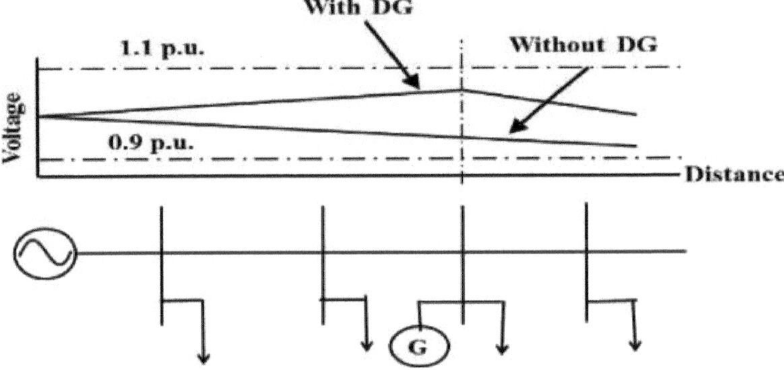

Figura 2.1 Efeito da GD no perfil de tensão da rede de distribuição

2.3.2 CLASSIFICAÇÕES DE DGS

As GD são classificadas com base em diferentes factores, como a capacidade da unidade de GD, o tipo de combustível e a tecnologia utilizada para gerar eletricidade e as caraterísticas do terminal de produção eléctrica da GD, como se descreve a seguir. Com base na capacidade Com base na capacidade da unidade de GD, esta é classificada do seguinte modo

- Micro DG: 1 W - 5 kW
- Pequena DG: 5 kW - 5 MW
- GD média: 5 MW - 50 MW
- Grande DG: 50 MW - 300 MW

2.4 TECNOLOGIAS DG

A crescente preocupação dos governos, a nível mundial, em avançar para uma economia com baixas emissões de carbono e para objectivos de crescimento sustentável provocou a rápida proliferação da produção distribuída de energia. As tecnologias de produção distribuída de eletricidade são geralmente classificadas em duas grandes categorias: fontes de energia não renováveis (baseadas em combustíveis) e renováveis (não baseadas em combustíveis). As tecnologias energéticas não renováveis utilizam combustíveis fósseis, como a gasolina, o gasóleo, o petróleo, o propano, o metano, o gás natural ou o carvão. As GD à base de combustíveis fósseis não são consideradas fontes sustentáveis de produção de eletricidade, porque a sua fonte de energia não se renova nem se repõe. Exemplos de tecnologias não renováveis incluem motores alternativos, turbinas a gás de combustão interna (ICGT), microturbinas e células de combustível. As tecnologias de energia renovável distribuída são, em geral, sustentáveis (ou seja, a sua fonte de energia primária não se esgotará) e causam poucas ou nenhumas preocupações ambientais. As turbinas eólicas, a energia solar térmica, a energia solar fotovoltaica, a biomassa e o biogás, os sistemas de energia oceânica e geotérmica (das marés e das ondas), a energia hidroelétrica de pequena/mini/micro dimensão e as pilhas de combustível de hidrogénio são exemplos de tecnologias de energias renováveis distribuídas que se enquadram nesta categoria. À medida que a tecnologia avança, a contribuição potencial das energias renováveis em todas as nações está a aumentar rapidamente. Estas fontes de energia renováveis diminuem os riscos associados à utilização contínua de combustíveis fósseis e da energia nuclear, reduzem as emissões de gases com efeito de estufa e diversificam a carteira de aprovisionamento energético. A Figura 2.2 apresenta uma classificação das várias tecnologias de GD, que são discutidas nas subsecções seguintes. Com base no tipo de tecnologia utilizada para produzir energia, as GD podem ser classificadas da seguinte forma

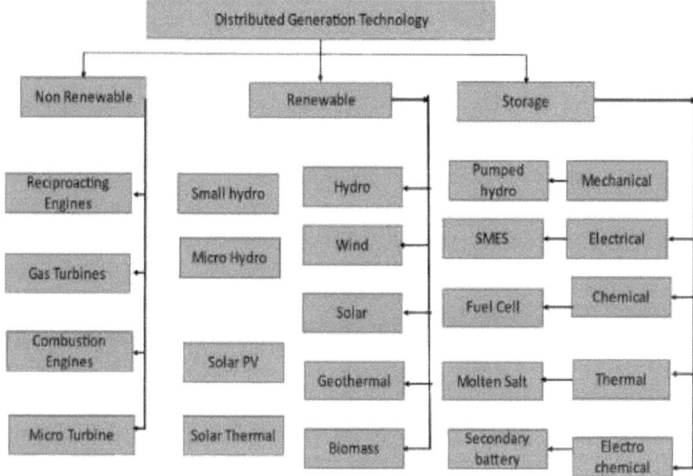

Figura 2.2 Classificação das tecnologias de GD

2.5 TECNOLOGIAS CONVENCIONAIS DE GD

A variedade de utilizações finais deve estar relacionada com uma variedade ainda maior de tecnologias. A gama de tecnologias utilizadas para a produção distribuída e descritas pela Agência Internacional da Energia inclui motores alternativos, fontes renováveis, turbinas a gás e microturbinas e muitas outras. Algumas delas são discutidas a seguir:

2.5.1 Motores de combustão interna alternativos

Os sistemas originais de acionamento a combustível fóssil, frequentemente conhecidos como motores de pistão, foram inventados há mais de um século e funcionavam a gasóleo, gás natural ou gases residuais. Os motores alternativos são muito adaptáveis e ideais para numerosas utilizações, incluindo a produção de energia eléctrica, a produção combinada de calor e eletricidade (CHP) e os motores mecânicos primários para várias peças de maquinaria e propulsão. As tecnologias de movimento alternativo podem funcionar de forma independente para satisfazer as necessidades de energia dos consumidores em áreas remotas ou como parte de um sistema de energia ligado à rede, onde pode alimentar o excesso de energia de volta à rede depois de satisfazer as necessidades dos clientes locais.

2.5.2 Microturbinas

As microturbinas foram inicialmente desenvolvidas para o sector dos transportes e, mais recentemente, encontraram um lugar no sector da produção de energia. As unidades de microturbinas podem utilizar uma vasta gama de combustíveis, como o gás natural, o hidrogénio, o propano e o gasóleo, para produzir eletricidade. As microturbinas podem ser utilizadas para energia de base, energia de reserva, picos de consumo e aplicações de cogeração e são adequadas para pequenos edifícios comerciais. A capacidade das microturbinas varia entre 25 kW e 500 kW e têm uma eficiência eléctrica de cerca de 15% no caso do tipo não recuperado e entre 20% e 30% no caso do tipo recuperado, que recupera o calor dos gases de escape para aumentar a temperatura de combustão.

2.5.3 Turbinas a gás de combustão

Como derivados aeronáuticos, as turbinas de gás de combustão (CGTs) foram desenvolvidas utilizando motores de propulsão a jato como base de conceção. No entanto, nas indústrias do petróleo e do gás, foram concebidas especificamente para a produção de energia estacionária ou para aplicações de compressão. São normalmente utilizados na gama de 500 kW a 30 MW em aplicações CHP e estão disponíveis até 265MW. Para unidades com capacidade inferior a 100 kW, a eficiência varia entre 15 e 17%, enquanto que para unidades com mais de 30 MW, chega a atingir 45% para turbinas de ciclo simples. A eficiência em carga parcial das CGTs é inferior à eficiência em carga total e a sua produção e consumo diminuem em regiões de maior altitude.

2.5.4 Células de combustível

As pilhas de combustível podem converter energia química em eletricidade sem combustão. As tecnologias das pilhas de combustível foram inicialmente desenvolvidas para aplicações espaciais, tendo depois sido consideradas promissoras no sector dos transportes. Uma vez que esta tecnologia tem uma boa eficiência, dimensões compactas, ruído muito baixo, NOx, SO, CO negligenciáveis e um funcionamento fiável, encontrou também o seu mercado na indústria energética.

2.5.5 Sistemas de armazenamento de energia

As tecnologias de armazenamento de energia convertem e armazenam eletricidade, aumentando o valor da energia ao permitirem uma melhor utilização da produção fora de horas de ponta e a atenuação das flutuações de energia provenientes da produção intermitente de energias renováveis. As tecnologias de armazenamento de energia permitem que a eletricidade seja armazenada diretamente ou através de um processo de conversão. O sistema de armazenamento de energia (ES) tornou-se um elemento inevitável na rede de distribuição inteligente devido à implantação maciça de recursos de energia renovável (RER). O ES pode resolver uma série de problemas operacionais na rede de distribuição devido às caraterísticas intermitentes das fontes de energia renováveis, proporcionando simultaneamente numerosos outros benefícios, como serviços auxiliares, redução de picos e melhoria da fiabilidade.

2.6 BENEFÍCIOS DA DGS

Os impactos das unidades de GD integradas no RDS podem ser positivos ou negativos no que respeita às caraterísticas de funcionamento do sistema e às caraterísticas da GD. Alguns benefícios são enumerados a seguir:

• **Em espera:** A GD pode ser utilizada como reserva para melhorar a fiabilidade do abastecimento, fornecendo a energia necessária para cargas sensíveis durante as interrupções da rede.

• **Autónoma:** A GD pode ser utilizada para abastecer as zonas onde o abastecimento da rede é dispendioso.

• **Corte de carga:** Para reduzir o custo da eletricidade, a GD pode ser utilizada para fornecer algumas cargas no período de pico em grandes clientes industriais.

• **Produção combinada de calor e eletricidade**: O calor gerado pela DG durante o processo de produção de eletricidade pode ser utilizado em hospitais, áreas comerciais e indústrias. Assim, a energia é efetivamente utilizada.

• **Redução da procura:** A GD pode ser utilizada para reduzir o preço de venda total da energia, fornecendo energia à rede e, consequentemente, a procura necessária é reduzida.

• **Perfil de tensão:** A GD pode melhorar o perfil de tensão na rede de distribuição.

• **Perdas de potência ativa:** A GD pode ser utilizada para reduzir as perdas de potência ativa na rede de distribuição.

• **Estabilidade do sistema:** A GD pode ser utilizada para manter a estabilidade do sistema.

A obtenção dos benefícios acima referidos é, na prática, muito mais difícil do que muitas vezes se pensa. As fontes de GD devem ser fiáveis, despacháveis, de dimensão adequada e em locais adequados. Devem também satisfazer vários outros critérios de funcionamento.

2.7 COLOCAÇÃO E DIMENSIONAMENTO ÓPTIMOS DE DGS EM RDS

Todos os benefícios da utilização de GD só podem ser alcançados através da colocação e do dimensionamento óptimos das GD na RDS. A localização e a dimensão incorrectas da GD podem ter um impacto negativo no perfil de tensão e nas perdas na RDS. Por conseguinte, a localização e a dimensão óptimas da GD na RDS são muito importantes para aproveitar ao máximo os benefícios da GD quando ligada à RDS. Muitos investigadores propuseram um método em duas fases para resolver a colocação óptima de diferentes tipos de unidades GD múltiplas na RDS. Na primeira fase, os candidatos a barramentos potenciais são selecionados para localizar as GD com base na LSF, que decide o barramento potencial para a colocação do gerador e a sua potência nominal. Como a maioria dos nós do sistema é eliminada nesta fase, o espaço de pesquisa viável e o tempo de computação são significativamente reduzidos. Posteriormente, o número mínimo de nós só é considerado na segunda fase para encontrar a localização óptima e a dimensão óptima das unidades DG, utilizando qualquer uma das técnicas numéricas ou de otimização. Wang, C. e Nehrir, M.H [32] apresentaram abordagens analíticas para ODGP com fator de potência unitário (upf) em sistemas de rede. Este método é apresentado para sistemas de rede radiais e de transmissão para minimizar as perdas de potência. A Tabela 1 mostra as caraterísticas de várias técnicas de otimização aplicadas a GD com base na colocação e no dimensionamento óptimos

Em primeiro lugar, estuda-se a colocação da GD num alimentador radial para encontrar a localização óptima da GD considerando diferentes tipos de fontes e cargas de GD. Em seguida, é apresentado um método para encontrar a localização óptima para a colocação de uma GD num sistema de rede de transporte utilizando a sua matriz de admitância de barramento. A metodologia proposta não é um algoritmo iterativo, como o algoritmo de fluxo de potência. Assim, não há problemas de convergência e os resultados podem ser obtidos muito rapidamente.

Tabela 1 Caraterísticas de várias técnicas de otimização aplicadas a GDs com base na colocação e dimensionamento óptimos

Técnicas de otimização	Caraterísticas
Método matemático baseado em Newton	Este método fornece uma soluço racional para o problema do fluxo de potência, tendo em conta as variáveis de controlo que podem reduzir os custos ou perdas do sistema
Método Hessiano	Para resolver o problema do despacho económico, utilizamos o método de otimização baseado na hessiana.
Decomposição PQ	Nesta técnica, as perdas de potência real de custo e transmissão são tidas em consideração.
Programação quadrática	É utilizado um modelo quadrático com uma extensão das condições básicas de Kuhn-Tucker.
Abordagem Quasi-Newton	Esta técnica utiliza o método de Newton para a solução do problema OPF de acordo com a técnica de esparsidade especial
Método do ponto interior	Método eficaz e mais rápido entre todos os métodos baseados em gradientes.
Programação Linear	Colocação óptima de várias GD e minimização da perda de potência. Neste método, a matriz Jacobiana é utilizada para calcular as matrizes de sensibilidade para a potência real e reactiva.
GA (Algoritmo Genético)	GA, 2004 - Este método satisfaz as restrições de igualdade com a precisão desejada[33,34] GA melhorada,2002- Utilizar operadores específicos para resolver problemas e obter operações mais rápidas NSGA-II modificado,2011-Utiliza operadores específicos do problema para obter uma operação mais rápida NSGA-II modificado,2011- Supera a diversidade consistente entre as soluções Pareto-ótimas GA multi-objetivo, 2013- Esta técnica envolve incertezas

	modeladas por estatísticas difusas e um modelo estabelecido para investigar o compromisso entre as limitações de lucro NSGA-II, 2015- Este algoritmo, juntamente com o método inovador de assunção de pesos, baseia-se na variância de associação difusa NSGA, 2003- Este algoritmo proposto é aplicado com um mecanismo de preservação da diversidade ModifiedNSGA-II,2011- Incorpora crowding dinâmico controlado para resolver o problema ORPD
PSO (ParticleSwarm Otimização)	PSO, 2002- Esta técnica é muito flexível. Evita a convergência prematura PSO modificado,2005- Para melhorar a velocidade de convergência, surgiu a estratégia de redução do espaço de pesquisa dinâmico PSO melhorado,2012-Permite várias soluções dominadas [35,36] CIPSO,2014- Esta função objetivo ajuda a minimizar as perdas de energia e o índice de estabilidade da tensão PSO multiobjectivo, 2011- Este método utiliza a técnica PSO com controlo dinâmico da velocidade. PSO multi-objetivo,2017- Planeamento da DG para minimizar a perda anual de energia
DE (Evolução Diferencial)	Multi-objective DE, 2012- Para lidar com o tamanho do conjunto Pareto Optimal, é utilizada uma técnica baseada em Clusters. EfficientDE,2017-A abordagem de decomposição é utilizada para a resolução de problemas multi-objectivos DE,2017-Esta técnica demonstra força em relação ao NSGA-II de base evolutiva e à abordagem clássica de soma de pesos. DE,2016-É utilizado o algoritmo DE com a abordagem epsilon para combinar as restrições
	SimpleDE,2013- Dispositivos FACTS shunt múltiplos utilizados numa solução OPF
EA (Algoritmo Evolutivo)	SPEA melhorado, 2017- Este método utiliza uma estratégia de seleção de ambiente melhorada Decomposição modificada baseada em EA multi-objetivo^ 16- é possível obter soluções para problemas de fluxo de potência com um ou vários objectivos [109] Efficient EA, 2014- Este algoritmo é mais eficiente e eficaz do que o algoritmo clássico SPEA, 2004- Neste algoritmo, o perfil de tensão do sistema é tomado em consideração. SPEA2, 2011- Esta técnica supera os pontos fracos, a incapacidade de encontrar soluções Pareto-ótimas para frentes óptimas não convexas. MOEA, 2017- Neste método, são adoptados limites inferiores e superiores para o cálculo do custo de produção, a fim de reduzir a carga computacional.
TLBO (Teaching Learning Based Optimization)	TLBO melhorado, 2015- Este método utiliza a técnica de wavelet auto-adaptativa para manter a capacidade de pesquisa, a

	diversidade da população e a velocidade de convergência
GSA (Algoritmo de Pesquisa Gravitacional)	GSA, 2012- Esta técnica é tão exacta como os métodos NSGA-II, SPEA, com menos memória. Eficiente do que os métodos MODE e PDE NSMOGSA,2015- Ajuda a acelerar o método de convergência para soluções óptimas
GSO (Group Search Optimization)	Adaptive GSO, 2016- Este método utiliza várias gamas de funcionamento dos geradores com um decisor fuzzy.
ABC (Colónia Artificial de Abelhas)	Efficient ABC, 2013- Este método fornece uma solução ativa, satisfazendo todas as restrições BFA (Bee Foraging Algorithm), 2011 - Melhora a convergência e a diversidade da solução através da utilização da matriz de desempenho
GWO (Otimização da Grey Wolf)	Algoritmo Wolf, 2015- Esta técnica é inspirada na exploração e no comportamento social do lobo cinzento Hybrid GWO,2016- Este método proporciona um melhor desempenho utilizando parâmetros de mutação e cruzamento GWO-DE,2015- É utilizado para verificar a viabilidade dos sistemas pequenos e grandes com diferentes cenários
HS (Harmony Search)	HS melhorado,2013- Para conseguir uma melhor otimização, é utilizado este método Multi objective HS,2011-Para encontrar soluções óptimas de Pareto, é utilizado o operador de comparação 3) Diferencial HS, 2014- Este algoritmo aumenta a capacidade de exploração
ACO (Otimização por Colónias de Formigas)	Ant Colony Search, 2011- Este método construiu um algoritmo utilizado como fase intermédia entre as fases UC e ED OPF-Security constraint ACO, 2013- O comportamento não convexo e não linear do problema OPF, este método é utilizado
BA (Algoritmo de morcego)	Theta-Constant modificado BA,2016-Para obter uma melhor convergência e solução Vectores de ângulo de fase utilizados para atualizar a posição do morcego
Estratégia da região de confiança	Despacho de carga económico e de emissões ótimo multi-objetivo, 2014- Este método é mais eficiente para sistemas não convexos Mo-OPF, 2017-Abordagem de Tchebychev e matriz de escala de Coleman-Li para otimização global, técnica Hessiana para tratar os subproblemas da região de confiança viável
ImperialistaComparativo Algoritmo	ICA modificado,2014-Este método é utilizado para obter a melhor decisão informada relativamente à cooperação do objetivo
EP (Programação Evolutiva)	PSO, GA, EP, 2015- Este algoritmo de programação fornece uma melhor solução, velocidade de convergência e tempo necessário para completar a operação SA (Simulated Annealing),2003- Utilizando este método, o ótimo global é alcançado através da seleção adequada dos parâmetros de recozimento e dos factores de ponderação [37] TS (Tabu Search), 2002-Memória flexível do histórico de pesquisa para parar o ciclo WCA (Water Cycle Algorithm),2016-Inspirado na estratégia da

	fase de escoamento superficial
	Hybrid CSA (Cuckoo Search Algorithm), 2014- Para encontrar o ponto de funcionamento em estado estacionário, este método emprega voos de imposição e operações de cruzamento
	DSA (Differential Search Algorithm),2016-Este método é utilizado com sucesso para resolver vários problemas complexos de OPF BBO (Bio-geography Based Optimization),2010-Este método é utilizado para sistemas pequenos e grandes com restrições lineares/não lineares com diferentes problemas de OPF Solução OPF baseada em restrições Epsilon, 2010-Um decisor baseado em fuzzy é utilizado para obter a melhor solução do conjunto ótimo de Pareto
	EED baseada na teoria dos jogos, 2015 - Esta técnica tem limitações práticas adicionais, como a carga orçamental e a carga máxima do consumidor [38-41]
Outras técnicas de otimização	Algumas outras técnicas de otimização utilizadas são as seguintes: - Algoritmo de otimização baseado na galáxia (2018) Algoritmo de balanços de massa e energia (2018) Um Algoritmo de Otimização de Partículas de Corvo (2018) Algoritmo de otimização do Social Ski-Driver (SSD) (2018) Algoritmo de otimização Dragonfly modificado (2019) Algoritmo de otimização de pesquisa e salvamento (2019) Otimização do Harris hawks (2019) Colónia de pinguins-imperador (2019)
SunFlowerOptimization Algoritmo	SFA (2019) Este algoritmo é utilizado para minimizar a função de aptidão e produz as melhores soluções para o problema. Os resultados confirmam a flexibilidade, validação e aplicabilidade da metodologia OPF baseada em SFO introduzida quando comparada com o algoritmo genético.
Binaryparticleswarm algoritmos de otimização e de salto de sapo baralhado	BPSO-SLFA (2020) O algoritmo proposto é aplicado para resolver a reconfiguração óptima da rede de distribuição e a unidade DG óptima com o objetivo técnico de diminuir as perdas de energia e melhorar o perfil de tensão.

2.8 LACUNA DE INVESTIGAÇÃO IDENTIFICADA A PARTIR DO ESTUDO DA LITERATURA

• Há ainda muitas restrições e há não-linearidade, que podem ser incorporadas no futuro problema OPF. A investigação do fluxo de potência real ótimo utilizando várias restrições para minimizar a perda de potência real, o desvio de tensão, o custo de funcionamento, etc., é uma necessidade atual.

• Os problemas relacionados com a validação matemática, as restrições do mercado desregulado, a incorporação de contingências e a integração de fontes renováveis são os mais recentes desafios para os futuros problemas de OPF.

2.9 RESUMO

A partir da pesquisa bibliográfica acima referida, pode concluir-se que a produção distribuída é uma das estratégias importantes e necessárias para expandir o sistema elétrico existente. Apresenta impactos positivos e negativos no sistema, dependendo das estratégias de planeamento. A colocação óptima de unidades de GD no sistema existente com estratégias de planeamento adequadas pode levar a vários benefícios técnicos, económicos, operacionais e ambientais. Uma vez que a colocação óptima de unidades de GD no sistema existente é uma tarefa importante, atrai vários investigadores a trabalhar nesta área e propôs diferentes técnicas de otimização para resolver o problema complexo de otimização multi-objetivo acima mencionado, considerando diferentes funções objetivo.

CAPÍTULO-3

APLICAÇÕES DOS MÉTODOS PSO E NR PARA OPTIMIZAR O FLUXO DE POTÊNCIA EM SISTEMAS DE DISTRIBUIÇÃO RADIAIS

3.1 SISTEMAS BÁSICOS DE DISTRIBUIÇÃO

A procura de energia está a aumentar rapidamente no sistema de distribuição devido ao crescimento de novos clientes e ao estabelecimento industrial. Por este motivo, os sistemas de distribuição estão a funcionar sobretudo em condições de carga elevada, o que resulta em grandes perdas de energia. É muito necessário fornecer energia de boa qualidade ao consumidor. A transferência de energia eléctrica da central de produção para o consumidor através das redes de transporte e distribuição é acompanhada de perdas. A maior perda de energia ocorre no sistema de distribuição. Estima-se que quase 10-13 % da energia total produzida é consumida como perda de $I^2 R$ ao nível da distribuição. É essencial reduzir as perdas de $I^2 R$ no sistema de distribuição, de modo a melhorar a eficiência global da transmissão de energia no sistema de distribuição. A principal razão por trás da grande perda de energia e da queda de tensão deve-se à insuficiência de energia reactiva. É necessário satisfazer a procura de energia com as capacidades de produção existentes. Considere-se o sistema radial simples apresentado na Figura 3.1.

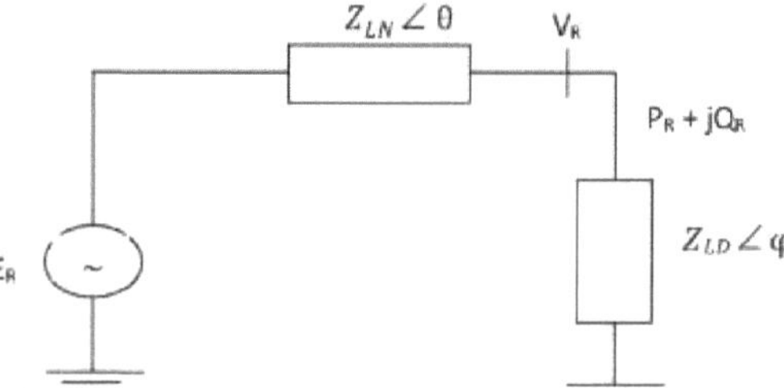

Figura 3.1 Sistema radial simples

3.2 ESTUDO DO FLUXO DE CARGA

O fluxo de carga é a solução da rede em condições de estado estacionário, sujeita a certas restrições de desigualdade sob as quais o sistema opera. Existem muitos métodos convencionais baseados em derivadas, como o método de Gauss Seidel (GS), Newton Raphson (NR), método Fast Decoupled, etc., mas o sucesso dos algoritmos não é consistente quando aplicados a várias classes de barramentos de sistemas. O ponto comum dos métodos convencionais é o facto de todos os algoritmos exigirem uma solução inicial de partida. Uma seleção descuidada dos valores iniciais pode fazer com que os métodos não alcancem as soluções globais óptimas. Atualmente, os Algoritmos Genéticos (AG), os algoritmos inspirados na natureza, os algoritmos bio-inspirados, etc., são aplicados em muitos domínios. Para avaliar o desempenho de uma rede de distribuição de energia e examinar a eficácia da alteração proposta para um sistema, é essencial efetuar uma análise do fluxo de carga da rede. Os estudos de fluxo de carga são efectuados para determinar o seguinte

i)   O fluxo de potência ativa e reactiva nos ramos da rede.

ii) As tensões do barramento.

iii) Efeito de adições ou alterações num sistema.

iv) Condições óptimas de carga do sistema.

v) Perdas óptimas do sistema.

A análise do fluxo de carga é a solução de um sistema de energia eléctrica em condições de funcionamento em estado estacionário e é o primeiro passo para as soluções de uma série de serviços de energia modernos. Os resultados das equações do fluxo de carga são necessários para o planeamento do sistema e para o planeamento e controlo operacional, para a estimativa do estado e para a avaliação da segurança das interrupções de serviço de grandes sistemas e também para os cálculos mais complicados de estabilidade e otimização. O problema do fluxo de carga é formulado como um conjunto de equações não lineares. As potências ativa e reactiva de todos os barramentos de carga são geralmente especificadas. Ou seja, é normalmente utilizado um modelo de potência constante para representar os barramentos de carga. A disponibilidade crescente de computadores digitais de alta velocidade provocou uma mudança radical nas técnicas utilizadas para resolver os problemas de fluxo de carga do sistema elétrico. Uma vez que as equações de fluxo de carga são algébricas não lineares, foram desenvolvidos muitos métodos numéricos para encontrar a solução normal projectada.

3.3 VÁRIAS TÉCNICAS DE OPTIMIZAÇÃO

Durante as últimas décadas, vários métodos têm sido propostos na literatura para resolver o problema da reconfiguração de alimentadores. Alguns deles são os seguintes:

(a) **Algoritmo genético:** É o mais antigo algoritmo de pesquisa baseado na topologia da genética natural e da seleção natural; é eficiente para resolver problemas de otimização combinatória multiobjectivo

(b) **Métodos heurísticos:** Vários autores resolveram o problema FR utilizando métodos heurísticos para funções de objetivo único e multiobjectivo. Esta técnica conduziu a uma solução óptima ou quase óptima, reduzindo o tempo de computação e fazendo convergir a solução.

(c) **Lógica difusa:** A técnica baseada na lógica difusa não requer a solução do fluxo de carga; no entanto, utiliza regras lógicas para resolver o problema de FR. Esta técnica é insignificante no que respeita à manutenção da restrição de radialidade.

(d) **Método da Rede Neural Artificial:** Tal como os métodos baseados na lógica difusa, as técnicas baseadas em redes neuronais artificiais não requerem a solução do fluxo de carga durante a procura da solução óptima. As técnicas baseadas em RNA conduzem a soluções divergentes no caso de sistemas de grandes dimensões.

(e) **Sistema pericial:** Os sistemas periciais são o método baseado no conhecimento que promete soluções viáveis para os problemas de otimização.

(f) **Recozimento Simulado:** Este algoritmo requer um grande tempo computacional para obter a solução e não garante óptimos locais.

(g) **Pesquisa Tabu:** A pesquisa Tabu é um algoritmo robusto e proficiente para encontrar a solução óptima global com menos tempo de computação.

(h) **Método da colónia de formigas:** A técnica de otimização por colónia de formigas baseia-se basicamente no comportamento das tias reais. Esta técnica é utilizada para encontrar a configuração óptima do sistema de distribuição

(h) **Técnica de otimização por enxame de partículas (PSO):** O PSO é um algoritmo de otimização estocástico que se baseia no comportamento de um grupo, tal como a migração de aves para um destino misterioso. O espaço de pesquisa é Ddimensional e cada partícula é um membro. É uma técnica atractiva porque o número de parâmetros é muito reduzido. O processo de pesquisa no PSO baseia-se na melhor solução anterior de uma partícula e na melhor solução entre todas as partículas da população até ao momento para atualizar a posição e a velocidade da partícula.

(i) **Evolução diferencial:** É um método que optimiza um problema, tentando iterativamente melhorar uma solução candidata em relação a uma determinada medida de qualidade. Estes métodos são normalmente conhecidos como metaheurísticas, uma vez que fazem poucas ou nenhumas suposições sobre o problema a ser optimizado e podem pesquisar espaços muito grandes de soluções candidatas. No entanto, as metaheurísticas como a DE não garantem que seja encontrada uma solução óptima.

3.4 FLUXO DE POTÊNCIA ÓPTIMO UTILIZANDO A OPTIMIZAÇÃO POR ENXAME DE PARTÍCULAS

A abordagem PSO é uma otimização global estocástica baseada no comportamento social dos bandos de aves e dos cardumes de peixes. Konstominos Kennedy e Eberhart introduziram o PSO em 1995 em termos de comportamento social e cognitivo. As partículas ou membros do enxame voam através de um espaço de pesquisa multidimensional à procura de uma solução potencial. Cada partícula ajusta a sua posição no espaço de pesquisa de tempos a tempos, de acordo com a experiência de voo da sua própria partícula e das suas vizinhas[42]. O PSO tem sido amplamente utilizado como método de resolução de problemas em engenharia e ciências informáticas. Recentemente, na área dos sistemas de energia eléctrica, a PSO parece estar a ganhar popularidade. O PSO tem sido utilizado para resolver o problema do fluxo de potência ótimo, o problema do controlo reativo e da tensão e o problema da estimativa do estado da distribuição.

A otimização por enxame de partículas é utilizada para resolver o problema do restabelecimento do sistema de energia eléctrica. Jong-Bae Park et al sugeriram uma otimização melhorada por enxame de partículas para o despacho económico com efeito de ponto de válvula. Neste método, o algoritmo PSO simples é combinado com a técnica de sequência caótica. O novo peso é multiplicado pelo peso convencional de modo a melhorar a capacidade de pesquisa global. Millie Pant et al desenvolveram um novo algoritmo PSO com operador de crossover. É utilizado um operador de crossover quadrático não linear. Baskar e Mohan (2008) sugeriram a otimização por enxame de partículas integrada na programação evolutiva para resolver o problema do despacho económico de cargas com restrições de segurança. A solução obtida tem caraterísticas de convergência estáveis e é adequada para sistemas práticos e de grande escala. O diagrama de fluxo do PSO é apresentado na Figura 3.2:

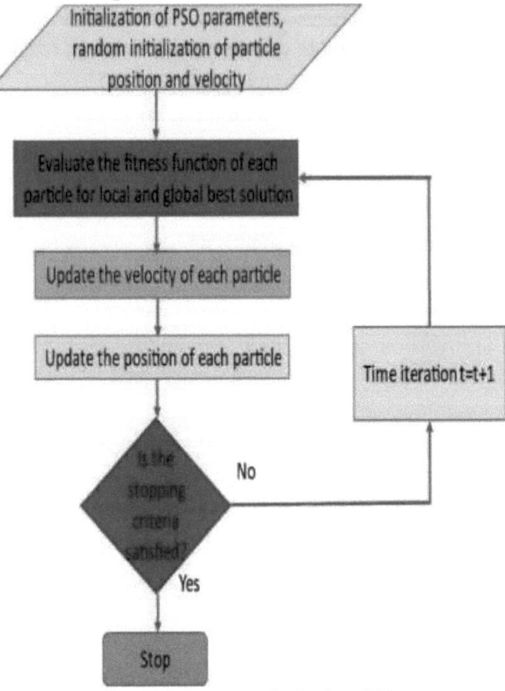

Figura 3.2 Fluxograma do algoritmo PSO

3.4.1 Procedimento passo a passo para a implementação do PSO -OPF:

1. Gerar aleatoriamente as partículas entre os seus limites superior e inferior.

2. Atribuir os valores iniciais das partículas como os valores Pbest.

3. Calcular a função objetivo de cada partícula com o seu Pbest para as partículas e o melhor entre os Pbest é atribuído como gbest.

4. Altera a velocidade e a posição de cada partícula para a iteração seguinte.

5. Comparar a função objetivo de cada partícula da iteração atual com a da sua Pbest. Se o valor atual for melhor do que Pbest, então o valor de Pbest é igual ao valor atual e a localização de Pbest é igual à localização atual no espaço de pesquisa dimensional 'd'.

6. Comparar a melhor avaliação de aptidão atual com a gbest da população. Se o valor atual for melhor do que o gbest, repor o gbest para a melhor posição atual.

7. Repetir os passos 4 a 6 até se atingir o critério de convergência ou o número máximo de iterações.

3.5 FLUXO DE POTÊNCIA ÓPTIMO UTILIZANDO O MÉTODO DE NEWTON

As soluções OPF são realizadas para determinar o estado de funcionamento ótimo de uma rede eléctrica sujeita a restrições físicas e operacionais. Uma função objetivo, que pode incorporar aspectos económicos, de segurança ou ambientais do sistema de energia, é formulada e resolvida utilizando um algoritmo de otimização adequado, como o método de Newton.

As restrições são leis físicas que gerem a disponibilidade do sistema de produção e transmissão de energia, as estratégias de funcionamento e os limites de conceção do equipamento elétrico. Este tipo de problema é tipicamente articulado como um problema de programação estático e não linear, com a função objetivo caracterizada como uma equação não linear e as restrições caracterizadas por equações não lineares ou lineares.

O problema OPF pode ser formulado da seguinte forma:

$$\text{Minimizar } f(x) \text{ sujeito a } h(x) = 0 \text{ e } g(x) < 0 \qquad (3.27)$$

Nesta expressão, x é o vetor das variáveis de estado, $f(x)$ é a função objetivo a otimizar, $h(x)$ representa as equações do fluxo de potência e $g(x)$ consiste nos limites das variáveis de estado e nas restrições funcionais de operação.

Em geral, o objetivo é otimizar uma função objetivo cuja solução satisfaça um certo número de restrições de igualdade e desigualdade. Qualquer ponto de solução que satisfaça todas as restrições é considerado uma solução viável. Um mínimo local é um ponto de solução viável em que a função objetivo é minimizada dentro de uma vizinhança. O mínimo global é um mínimo local com o valor mais baixo em toda a região viável. A Figura 3.3 mostra o fluxograma do método de Newton Rapson.

3.5.1 Variáveis

As variáveis que podem ser ajustadas na procura da solução óptima são designadas por variáveis de controlo, tais como a produção de potência ativa, os taps e os ângulos de fase nos transformadores de mudança de tap e de fase, respetivamente, e as magnitudes de tensão nos barramentos do gerador. As variáveis dependentes são aquelas que dependem das variáveis de controlo. Podem assumir qualquer valor, dentro de limites, conforme ditado pelo algoritmo de solução. Exemplos de variáveis dependentes são os ângulos de fase da tensão em todos os usos, exceto no barramento de folga; as magnitudes de tensão em todos os barramentos de carga; a potência reactiva em todos os barramentos de geração; os custos de geração de potência ativa; e os fluxos de potência ativa e reactiva (perdas na rede) nas linhas de transporte e nos transformadores. Para além das variáveis de controlo e dependentes, as cargas de potência ativa e reactiva e a topologia da rede e os dados de um conjunto de parâmetros fixos devem ser especificados no início do estudo.

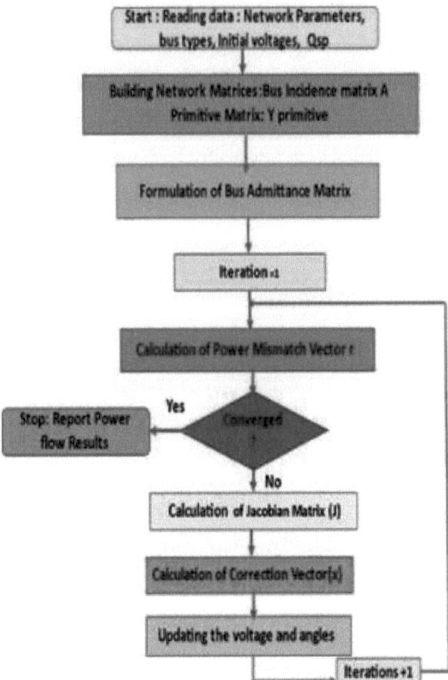

Figura 3.3 Fluxograma do método de Newton Raphson

3.5.2 Procedimento passo a passo para a implementação da NR-OPF:

1. Para os barramentos de carga em que P e Q são dados, assumimos a magnitude e o ângulo de fase das tensões de barramento para todos os barramentos, exceto para o barramento de folga em que V e 6 são especificados. Normalmente, temos o arranque de tensão plana, ou seja, definimos a magnitude da tensão de barramento assumida e o seu ângulo de fase (ou seja, as componentes real e imaginária e e f das tensões de barramento) iguais às quantidades do barramento livre.

2. Substituindo estas tensões de barramento assumidas, calcule as componentes real e reactiva da potência, ou seja, P_i e Qi para todos os barramentos i = 2, 3, 4, ..., n exceto o barramento de folga (barramento n.º 1).

3. Em seguida, os elementos da matriz Jacobiana (J_1, J_2, J3 e J_4) são determinados com as tensões de barramento mais recentes e a potência calculada.

4. Depois disso, o conjunto de equações lineares é resolvido por técnica iterativa ou pelo método de eliminação (normalmente pelo método de eliminação gaussiano) para determinar a correção de tensão em qualquer barramento i.

5. A estimativa revista das tensões nos barramentos é calculada utilizando este valor de correção da tensão.

6. Os elementos jacobianos são determinados após cada iteração, uma vez que se baseiam na estimativa de tensão mais recente e na potência calculada. A operação é efectuada repetidamente até que o erro de potência seja mínimo.

3.6 ANÁLISE E SIMULAÇÃO DE UM SISTEMA DE TESTE DE BARRAMENTO IEEE- 6 UTILIZANDO O MÉTODO NEWTON DE FLUXO DE POTÊNCIA ÓPTIMO

3.6.1 Resultados da simulação

Solução de fluxo de carga Newton Raphson

|Bus | |	|Voltagem| |	Ângulo		
No.|	| pu |	|Degree|		
1	1.050	0.000	0.000	
2	1.080	-0.640	0.500	4.926
3	1.080	-0.627	0.600	-13.289
4	1.076	-0.490	0.000	
5	1.083	-0.674	0.000	
6	1.084	-0.705	0.000	

Número de iterações 11

O tempo decorrido é de 0,048894 segundos.

3.7 RESUMO

Neste capítulo, são abordados os princípios básicos do fluxo de potência ótimo, um objetivo do fluxo de potência e a sua formulação em pormenor. Os sistemas de barramento IEEE de 6 e 30 barramentos são apresentados com os detalhes de tensão, resistência, reactância, potência real e potência reactiva. Nesta investigação, os sistemas de 6 e 30 barramentos do IEEE são analisados utilizando o método PSO e NR para avaliação do OPF nos capítulos seguintes. Neste capítulo, os parâmetros do sistema IEEE de 6 barramentos e do sistema IEEE de 30 barramentos são apresentados para estudo posterior.

CAPÍTULO-4

UM NOVO
ALGORITMO DE EVOLUÇÃO DIFERENCIAL BASEADO EM OBJECTIVOS MÚLTIPLOS E SUA APLICAÇÃO

4.1 VISÃO GERAL DA EVOLUÇÃO DIFERENCIAL

A evolução diferencial é um poderoso algoritmo evolutivo para problemas de otimização global introduzido por Storn e Price. Demonstrou boas propriedades de convergência. A DE é uma pesquisa de otimização estocástica que tem a capacidade de lidar com funções não diferenciáveis, não lineares, não contínuas e multiobjectivo. É uma abordagem baseada na população com cruzamento, mutação e seleção. Neste algoritmo, em vez do cruzamento clássico, é utilizado um operador diferencial especial para criar um novo cromossoma a partir dos cromossomas dos pais. A velocidade de convergência do DE é muito melhor do que a do Algoritmo Genético. A principal vantagem do DE é poder dar os mesmos resultados de forma consistente durante muitos ensaios. Devido a este melhor desempenho, a DE tem sido aplicada com sucesso em muitos problemas de otimização artificiais e em tempo real. A Figura 4.1 mostra o fluxograma do DE. Os respectivos gráficos estão representados na Figura [4.24.4] [58].

O DE é um algoritmo de pesquisa paralela baseado na população que opera nas populações dos vectores de soluções possíveis $\{X^G: i = 1,2,3, \ldots\ldots\ldots N_P\}$ em cada geração G. Cada elemento individual do vetor de soluções é composto por parâmetros

D, nomeadamente, $X^G_i := x^G_{ij} : j = 1,2, \ldots\ldots D.$. As várias etapas do DE são

$i\ ij$

mutação, crossover e seleção. O esquema do algoritmo DE é o seguinte:

1. Inicializar a população:

$$X^G_{ij} = X^L_j + R_j(x^U_i - X^L_j), j$$

$$= 1,2,\ldots\ldots D \qquad (4.1)$$

em que x^L e x^u são os limites inferior e superior do parâmetro j, respetivamente, e Rj é um número aleatório, uniformemente distribuído entre [0,1].

2. Avaliar a população utilizando uma função objetivo.

3. Gerar uma nova população em que cada novo vetor é criado de acordo com: a. Gerar um vetor experimental $v_i{}^G$ para cada solução

$$V^G_i = x^G_{BEST} + P(x^G_m - x^G_n), i =$$

$$1,2,\ldots\ldots\ldots N_P \qquad (4.2)$$

em que x^G representa a melhor solução e $\{x^G_m, x^G_n\}$ são dois $BESTm$ n arbitrários vectores na geração G tais que x^G_{BEST}, x^G_m, x^G_n são mutuamente diferentes. A constante

P é um fator de mutação.

b. Cruzamento do vetor experimental e do vetor atual com cruzamento
probabilidade CR de dar à luz um vetor de bebé uf, ou seja

$$u_i^G = \{ \begin{array}{ll} V_{ij}^G & for\ R_j < CR \\ x_i^G & ortherwise \end{array} \} \qquad (4.3)$$

c. Avaliar o vetor do bebé.

d. Utilizar o bebé da nova geração se este for pelo menos tão bom como o atual
caso contrário, o vetor antigo é mantido.

$$x_i^{G+1} = \{ \begin{array}{ll} u_i^G & for\ f(u_i^G) < f(x_i^G) \\ x_i^G & otherwise \end{array} \} \qquad (4.4)$$

$$caso\ contrário$$

4. Repetir o passo 3 até que a condição de terminação seja satisfeita.

4.2 IMPLEMENTAÇÃO DO ALGORITMO DE EVOLUÇÃO DIFERENCIAL

O procedimento básico da DE é resumido da seguinte forma:

Inicializar aleatoriamente a população de indivíduos para a DE. Avaliar os valores
objectivos de todos os indivíduos e determinar o melhor indivíduo que tem o melhor
valor objetivo.

Passo 1: Efetuar a operação de mutação para cada indivíduo de modo a obter o vetor
mutante correspondente de cada indivíduo.

Passo 2: Efetuar a operação de cruzamento entre cada indivíduo e o seu vetor mutante
correspondente, de modo a obter o vetor experimental de cada indivíduo.

Passo 3: Avaliar os valores objectivos dos vectores de ensaio.

Passo 4: Efetuar a operação de seleção entre cada indivíduo e o seu vetor de teste
correspondente, de modo a gerar o novo indivíduo para a geração seguinte.

Passo 5: Determinar o melhor indivíduo da nova população atual com o melhor valor
objetivo. Se o valor objetivo do melhor indivíduo atual for perturbado, o número é
melhor do que o do melhor indivíduo, então actualiza-se o melhor indivíduo e o seu
valor objetivo.

Etapa 6: Se for satisfeito um critério de paragem, a saída é a melhor e o seu valor
objetivo; caso contrário, volta à etapa 3.

4.3 Vantagens do algoritmo DE

O algoritmo de evolução diferencial tem algumas vantagens significativas que são
resumidas de seguida:

• O algoritmo de evolução diferencial tem a capacidade de encontrar o verdadeiro
mínimo global independentemente dos valores dos parâmetros iniciais;

• O algoritmo de evolução diferencial é rápido e simples de aplicar;

• O algoritmo de evolução diferencial requer poucos parâmetros de controlo;

• O algoritmo de evolução diferencial tem um carácter de processamento paralelo e
uma convergência rápida;

• O algoritmo DE pode fornecer várias soluções numa única execução;

- O algoritmo de evolução diferencial pode encontrar a solução óptima para um problema de otimização não linear com restrições e funções de penalização.

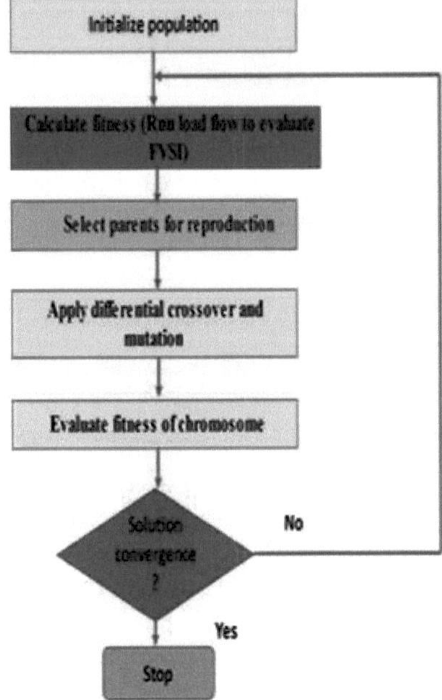

Figura 4.1 Fluxograma da DE

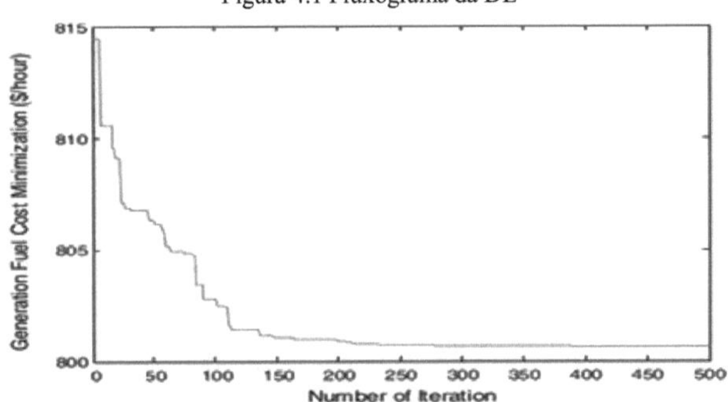

Figura 4.2 Custo do combustível com base na DE para o sistema de 30 autocarros IEEE

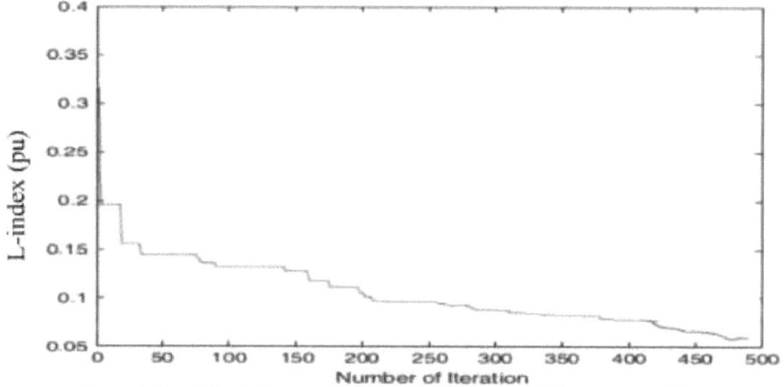

Figura 4.3 O índice L baseado em DE para o sistema de 30 barramentos IEEE

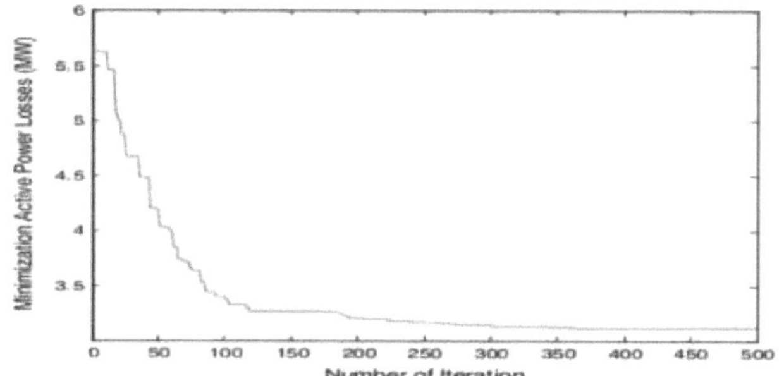

Figura 4.4 A perda de potência ativa com base na DE para o sistema de 30 barramentos IEEE

4.4 RESUMO

Neste capítulo, o algoritmo baseado em DE proposto foi implementado com sucesso e eficácia num sistema de teste de 30 barramentos IEEE. Os resultados obtidos são comparados com outros métodos. Na comparação, observou-se que o DE fornece melhores resultados em comparação com outros métodos considerados. Como indicam os resultados da simulação, o custo do combustível obtido foi de 800,1982, o índice L obtido foi de 0,0500 e a perda de potência ativa obtida foi de 2,9748. O algoritmo proposto foi implementado com sucesso e fornece melhores resultados em relação a outros algoritmos. Este método revela-se superior e eficaz em relação a outros métodos que podem fornecer resultados exactos e viáveis para a resolução de problemas de fluxo de potência ótimo.

CAPÍTULO-5

COLOCAÇÃO E DIMENSIONAMENTO ÓPTIMOS DE MÚLTIPLAS UNIDADES DE PRODUÇÃO DISTRIBUÍDA EM REDES DE DISTRIBUIÇÃO UTILIZANDO O ALGORITMO DAS ALGAS ARTIFICIAIS

5.1 INTRODUÇÃO

A produção distribuída (GD) é uma fonte de energia ligada diretamente à rede de distribuição. A GD é uma tendência em desenvolvimento do sistema de energia que se está a tornar muito essencial devido ao aumento da procura de energia eléctrica. O aumento da procura pode ser satisfeito através da introdução de GD na rede de distribuição. A construção de grandes centrais eléctricas não é viável em muitas zonas devido à regulamentação ambiental. A produção distribuída é uma fonte de energia eléctrica que varia entre alguns kW e 50 MW e está localizada perto da carga. As GD são concebidas exclusivamente para fornecer energia aos consumidores, mas devido ao fluxo bidirecional de energia, a introdução de GD alterará as caraterísticas da rede de distribuição, como mostra a Figura 5.1.

As vantagens da instalação de GD são a melhoria do perfil de tensão, a redução das perdas na linha e o aumento do perfil de tensão [43-46]. A GD também permite uma redução do custo e é fácil de ligar, tendo em conta o tempo e o investimento. Mas nas unidades de GD, devido ao fluxo inverso de energia, pode ocorrer o problema da subida de tensão. Para garantir o funcionamento estável, eficiente e fiável de uma rede de distribuição, é essencial planear a colocação e o dimensionamento das GD. O rápido esgotamento das fontes de energia convencionais levou ao desenvolvimento da produção de eletricidade a partir de fontes de energia renováveis. Estas fontes de energia renováveis são geradores distribuídos (GD) que alimentam a rede de distribuição.

A produção distribuída é uma nova abordagem na indústria da eletricidade e o objetivo da produção distribuída é fornecer uma fonte de energia eléctrica ativa. A localização das unidades de produção distribuída é ligada diretamente à rede de distribuição ou ligada à rede no local do contador do cliente. No entanto, o aumento da penetração destas GD no sistema elétrico existente aliviou o peso da produção de energia por fontes de energia convencionais, mas, ao mesmo tempo, colocou desafios ao sistema elétrico. As redes de distribuição têm normalmente uma conceção radial ou em anel, e não uma conceção em malha como as redes de transporte, pelo que o fluxo de energia nas redes de distribuição é normalmente unidirecional. Mas a penetração das GD provoca um fluxo de energia bidirecional. O excedente de energia proveniente de fontes de energia renováveis pode produzir um fluxo de energia inverso na rede, alterando o modo de funcionamento dos sistemas de energia convencionais. Este capítulo centra-se nos passos para decidir a localização e o dimensionamento de várias unidades de produção distribuída (GD) com uma função multiobjectivo. Os principais objectivos são a redução dos custos operacionais totais, as perdas nas linhas e a melhoria da estabilidade da tensão.

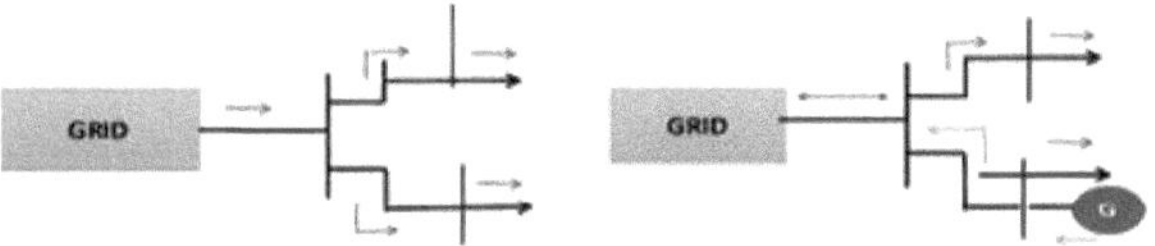

Fluxo de potência unidirecional clássico Fluxo de potência inverso induzido pelo excedente de energia injetado pelo DER

Figura 5.1 Fluxo de potência clássico e inverso

Na maioria dos trabalhos de investigação, a minimização das perdas no sistema é amplamente utilizada como uma função de objetivo único, tendo em conta a melhoria do perfil de tensão no sistema. O custo do sistema e a minimização do custo do sistema também foram considerados como uma função de objetivo único por muito poucos investigadores. O custo da energia adquirida à rede de transporte e o custo da energia injectada pelas GD do tipo I e II foram considerados em Ghaffar Zadeh & Sadehi (2016). Assim, os problemas multi-objetivo são formulados para ultrapassar as limitações do problema de objetivo único. Em muitos trabalhos de investigação, mais do que um objetivo é transformado numa função de objetivo único equivalente utilizando os coeficientes de penalização ou os factores de ponderação. De facto, os diferentes objectivos não são considerados simultaneamente [47-51]. Uma vez que as diferentes funções objetivo não são consideradas simultaneamente, não é possível obter a solução mais favorável que satisfaça todos os objectivos. Muito poucos investigadores resolveram o problema multiobjectivo considerando mais do que um objetivo em simultâneo. Para ultrapassar as desvantagens do problema multiobjectivo baseado no fator de penalização, Yammani et al. (2016) introduziram um novo problema multiobjectivo que considera os diferentes objectivos em simultâneo. A minimização do custo das perdas e o custo das unidades DG de potência real são considerados simultaneamente. Neste trabalho de investigação, a análise e a simulação do sistema de teste de barramento IEEE-33 e de barramento IEEE-69 são efectuadas utilizando o Algoritmo de Algas Artificiais para otimizar o fluxo de potência para a minimização do objetivo múltiplo com o dimensionamento e a localização adequados da GD. Os três casos de teste seguintes foram considerados no trabalho de investigação:

Caso de teste -1: Um número de GDs no Tipo-1

Caso de teste -2: Dois números de GDs no Tipo-1

Caso de teste -3: Três números de GDs no Tipo-1

Para cada cenário, são analisados quatro estudos de caso.

Caso-1: Minimização apenas das perdas (objetivo único)

Caso-2: Minimização das perdas e do desvio de tensão (Multiobjectivo)

Caso-3: Minimização das perdas e do custo da RDS com unidades DG (Multiobjectivo)

Caso 4: Minimização de perdas, desvio de tensão e custo do RDS com unidades GD (Multi-objetivo)

A utilização da produção distribuída está a crescer rapidamente em todo o mundo, especialmente; a instalação simultânea de diferentes tipos de GD (como fotovoltaicos, condensadores de derivação e geradores síncronos) em RDS está a tornar-se comum. Para além disso, com o aumento diário do custo da produção de energia, a minimização das perdas no sistema de distribuição é muito mais importante para aumentar a eficiência do sistema. Assim, a colocação e o dimensionamento simultâneos de diferentes tipos de GD tornaram-se a área de investigação mais importante e, em resultado disso, são introduzidas várias estratégias para reduzir as perdas e melhorar o perfil de tensão no RDS.

Na maior parte dos estudos, as unidades de GD do tipo I e II e do tipo II e III, simples ou múltiplas, são colocadas simultaneamente para minimizar as perdas e melhorar o perfil de tensão na RDS, tendo em conta as restrições de funcionamento. Como o método de otimização simples é utilizado para encontrar tanto uma variável discreta (localização da GD) como uma variável contínua (tamanho da GD e fator de potência), a área do espaço de pesquisa viável é aumentada, o que resulta num ótimo local. Os inconvenientes da aplicação de um único método de otimização para resolver a colocação simultânea de diferentes tipos de unidades de GD podem ser ultrapassados através da aplicação de um algoritmo combinado ou híbrido.

5.1.1 Factores de crescimento da DG

Os principais factores subjacentes ao crescimento das GD e ao atual enfoque na sua integração no funcionamento e planeamento do sistema de energia eléctrica podem ser classificados em três categorias principais, nomeadamente ambientais, comerciais e nacionais ou regulamentares. Estes factores são discutidos brevemente a seguir:

5.1.2 Factores ambientais

A utilização de energias renováveis e da produção combinada de calor e eletricidade (PCCE) para limitar as emissões de gases com efeito de estufa (GEE) é um dos principais motores da GD. A este respeito, é importante salientar que a integração das fontes renováveis de energia eléctrica nos sistemas de energia é uma questão algo diferente da integração da GD nos sistemas de energia. A integração da GD inclui algumas das questões relacionadas com a integração das fontes renováveis, mas não trata claramente da integração das fontes renováveis ligadas ao transporte, como os grandes parques eólicos em terra e ao largo.

Outro fator importante para a DG, do ponto de vista ambiental, é evitar a construção de novas linhas de transmissão e de grandes centrais eléctricas, às quais a opinião pública se opõe cada vez mais. No entanto, alguns grupos de pressão ambientalistas também se opõem aos parques eólicos em terra por motivos de "poluição" sonora e visual. Por conseguinte, há que encontrar um equilíbrio entre a necessidade de uma solução energética sustentável, por um lado, e a necessidade de manter a beleza cénica do ambiente, por outro.

5.1.3 Factores comerciais

Uma das consequências reconhecidas da introdução da concorrência e da escolha no sector da eletricidade é o aumento do risco enfrentado por todos os intervenientes na cadeia de fornecimento de eletricidade, desde os produtores, passando pelas empresas de transporte e distribuição, até aos retalhistas. É sabido que o investimento de capital necessário para criar novas centrais eléctricas pode ser muito elevado. As incertezas associadas a um ambiente de mercado competitivo podem favorecer projectos de produção com uma capacidade reduzida cujo risco financeiro seja proporcionalmente pequeno. A presença de GD perto do centro de carga pode ter um impacto benéfico na qualidade da energia (PQ) e na fiabilidade do abastecimento.

5.1.4 Aspectos económicos e técnicos da DG

Os aspectos económicos e técnicos dos sistemas de distribuição afectam a fiabilidade do sistema de energia, as cargas nas linhas, as perdas, etc. Os desenvolvimentos tecnológicos na era das fontes de energia renováveis aumentam a importância da instalação de geração auxiliar mais próxima dos centros de carga. Uma vez que estas estão localizadas nos centros de carga, o custo de transmissão diminui com pouco tempo de instalação e com maior fiabilidade do fornecimento. Para obter estes benefícios, a(s) GD deve(m) ser colocada(s) de forma óptima (ou seja, localização e dimensão) num determinado sistema. Geralmente, este problema é uma otimização não linear e estocástica sujeita a certas restrições do sistema. A atribuição incorrecta de GD afecta a fiabilidade do sistema. A interconexão das GD exige a instalação de cabos subterrâneos para que possam ser integradas no novo esquema desenvolvido. Além disso, a incorporação da GD no novo esquema pode levar a certos problemas, como a tremulação da tensão, a introdução de harmónicas, o funcionamento inverso dos fluxos do sistema de energia e desafios de proteção. Estas questões devem ser devidamente abordadas para se obterem os máximos benefícios em termos de fiabilidade do sistema de distribuição. Para além destes benefícios económicos, a GD continua a representar a energia mundial através da redução dos custos, poupando a transmissão e a distribuição.

O elemento técnico da GD abrange uma vasta gama de questões, como a redução dos picos de carga, o excelente perfil de tensão, a diminuição das perdas do sistema, o aumento da continuidade e da fiabilidade do sistema e alguns problemas de qualidade da energia que são filtrados. A redução total das perdas do sistema de energia e os serviços públicos nos países em desenvolvimento perdem até 20% da sua produção total de energia [5760]. Os principais aspectos técnicos da GD são a redução das perdas na linha, a melhoria da fiabilidade e da segurança do sistema e o aumento da eficiência. A Figura 2 mostra as linhas de transmissão tradicionais para o fluxo principal e as linhas tracejadas para os fluxos de "internet da energia" com a GD.

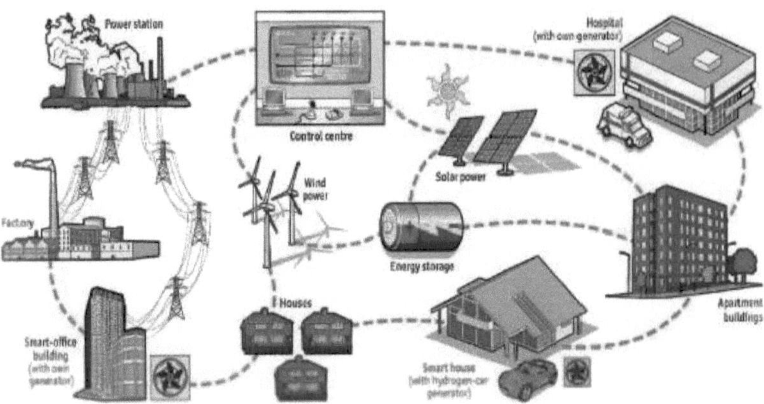

Figura 5.2 Linhas de transmissão tradicionais para o fluxo principal e linhas tracejadas, tentativas de fluxos de "internet da energia" com GD

5.1.5 Vantagens técnicas

• **Redução de perdas no sistema**: As unidades de GD são normalmente instaladas perto do local de carga nas redes de distribuição radiais. Assim, parte da potência de transporte é substituída pela potência injectada pela GD, o que provoca uma redução das perdas nas linhas de transporte e distribuição.

• **Melhoria do perfil de tensão**: A injeção de potência real e a injeção ou consumo de potência reactiva pelas unidades de GD melhoram os perfis de tensão do sistema e o fator de carga. Deve ser mencionado que a quantidade de melhoria depende da localização e do dimensionamento das unidades de GD.

• **Melhora a qualidade da energia**: A GD equipada com uma interface de inversor de potência pode ser utilizada para aliviar os problemas de qualidade de energia presentes na rede CA, controlando independentemente os componentes reais e reactivos da potência injectada na rede CA. Nestas circunstâncias, a produção distribuída pode ser configurada para funcionar como um compensador de erros de potência ativa, injectando potência reactiva para controlar a tensão nos pontos de ligação, controlar o fator de potência global da central ou reduzir a tremulação da tensão. O inversor de potência pode também corrigir a queda de tensão, mas a capacidade do inversor pode ter de ser significativamente aumentada para cumprir esta função. Com uma interface de eletrónica de potência adequadamente concebida e implementada, a ligação doDG à rede poderia teoricamente cancelar as distorções da rede e ajudar a regular a tensão e minimizar os harmónicos.

• **Aumento da fiabilidade do sistema**: As GD podem contribuir significativamente para aumentar a fiabilidade e a continuidade do serviço, uma vez que existem muitas centrais de produção diferentes em todo o sistema de energia, em contraste com as muito poucas unidades de produção centralizadas. Isto pode ser extremamente útil para os consumidores que exigem a maior fiabilidade possível, independentemente de terem de pagar custos de serviço mais elevados.

- **Melhoria da segurança do aprovisionamento**: A crescente penetração da GD e das futuras redes inteligentes (smart grid) pode contribuir para aumentar a segurança do aprovisionamento, uma vez que diversificará as fontes de energia primária e reduzirá potencialmente a dependência de fontes estrangeiras.

- **Aumento da eficiência energética global**: A utilização de unidades de produção combinada de calor e eletricidade (CHP) permite a produção simultânea de calor e eletricidade e, consequentemente, a melhoria da eficiência energética média do sistema.

- **Alívio do congestionamento na transmissão e distribuição**: Os sistemas de armazenamento de energia podem ser usados para diminuir o congestionamento no sistema de transmissão e distribuição. No lado da distribuição, o armazenamento de energia pode ser utilizado para evitar o sobredimensionamento das linhas da rede para satisfazer a procura máxima em qualquer altura. Do lado da transmissão, a armazenagem de energia pode ser utilizada para reatribuir a procura a um período em que o sistema não esteja sujeito a restrições de capacidade, eliminando assim o pico de carga do sistema e evitando o congestionamento da transmissão.

- **Adiamento da modernização da rede**: O adiamento da atualização da rede é a capacidade de adiar o investimento necessário no reforço de alimentadores e transformadores devido à integração da GD. Uma vez que a GD está ligada perto das cargas, os níveis baixos e médios de recursos energéticos distribuídos (DER) reduzem o fluxo de energia proveniente da rede principal. Esta produção ajuda a compensar os picos de procura e o crescimento da carga. A redução da procura adia a necessidade de actualizações da rede (sobretudo linhas de distribuição e transformadores).

- **Redução dos requisitos de potência de pico**: Dependendo da forma como a GD é utilizada, a instalação e utilização de sistemas de GD pelos clientes ou pelos serviços de utilidade pública pode resultar num menor consumo de eletricidade no pico de carga. O funcionamento da GD que reduza o pico de carga numa subestação trará sempre alguns benefícios, quer diminuindo a manutenção necessária, quer aumentando o tempo de vida do equipamento, quer adiando a T & D e a expansão da capacidade do sistema de produção.

- **Prestação de serviços auxiliares**: Os serviços auxiliares são essenciais para um sistema de fornecimento de eletricidade fiável. Os GD podem ser utilizados para fornecer serviços auxiliares, em especial os que são necessários localmente, como a energia reactiva, mas também os que contribuem para o funcionamento fiável de todo o sistema, como os fornecimentos de reserva e as reservas suplementares. Um pequeno número de estudos explorou a proposta de valor da utilização da GD para serviços auxiliares e concluiu que existe potencial para a GD contribuir de forma rentável para o fornecimento de serviços auxiliares.

5.1.6 Vantagens económicas

- **Redução dos custos de exploração:** Redução dos custos de transporte e distribuição de energia, com a consequente redução das perdas; e redução dos custos de manutenção (avarias e congestionamento das linhas).

- **Redução dos custos de capital**: A GD pode adiar a necessidade de investimentos em novas infra-estruturas de transporte e distribuição e reduzir os custos de amortização dos activos fixos das redes.
- **Redução dos custos ambientais:** A redução das emissões para a atmosfera contribui para reduzir os custos associados às sanções ambientais.
- **Redução das tarifas de eletricidade:** O aumento da penetração das GD pode abrir os mercados da energia a novos agentes e a preços baixos
- **Liberalização dos mercados de energia:** Ao permitir que os agentes do mercado instalem o seu próprio equipamento de produção de energia, estes podem responder à evolução das condições do mercado, aumentando a flexibilidade do sistema e promovendo a competitividade, o que pode baixar os preços globais
- **Redução do custo do combustível:** Redução dos custos de combustível devido ao aumento da eficiência global.
- **Melhoria da qualidade da energia eléctrica:** A melhoria da qualidade da energia reduzirá as situações de risco, que muitas vezes afectam as máquinas pesadas das indústrias, podendo assim melhorar a produtividade.
- **Redução dos custos dos cuidados de saúde**: Redução do custo dos cuidados de saúde devido ao facto de as energias renováveis serem amigas do ambiente.
- **Redução dos custos de funcionamento e manutenção:** Inclusão de tecnologias na rede que exigem custos de funcionamento e manutenção lentos ou insignificantes, como as centrais fotovoltaicas, as pilhas de combustível, a biomassa, etc.

5.1.7 Benefícios ambientais

- Redução do consumo de combustíveis fósseis.
- A utilização de fontes renováveis distribuídas e o aumento da eficiência das centrais de multigeração reduzem o consumo de combustíveis fósseis nas centrais eléctricas convencionais.
- A redução do consumo de combustíveis fósseis implica a redução das emissões de óxidos de enxofre (Sox) e de óxidos de azoto (NOx) para a atmosfera.
- Redução da poluição sonora graças à utilização de tecnologias de baixo ruído.
- Maior utilização de energia verde.

5.2 COLOCAÇÃO E DIMENSIONAMENTO ÓPTIMOS DAS UNIDADES DG

Devido ao aumento da procura de energia, a necessidade de produção de energia está a aumentar de forma constante. Para prestar um serviço ininterrupto aos consumidores, é necessário aumentar a penetração da produção distribuída nos sistemas de distribuição. Devido aos problemas de regulação deficiente da tensão, à escassez de capacidades de transmissão e às crescentes preocupações ambientais, os métodos convencionais de fornecimento de energia não conseguem satisfazer toda a procura. Para ultrapassar este problema, o gerador distribuído (GD) tornou-se a fonte alternativa de fornecimento de energia. Para além de satisfazer a procura de energia, a maior região e dimensão dos dispositivos de GD pode reduzir as perdas na distribuição e melhorar a estabilidade e o perfil da tensão. Se os dispositivos de GD forem incorretamente distribuídos e dimensionados, o watt de potência inversa dos grandes dispositivos de GD pode levar a maiores perdas no sistema. A minimização das perdas é uma componente importante na elaboração de planos e no funcionamento da GD. Foram propostas muitas técnicas na literatura para descobrir a melhor afetação e o comprimento de qualidade superior da GD.

5.3 FORMULAÇÃO DO PROBLEMA

A integração de gerações distribuídas melhora o desempenho dos sistemas de distribuição em última análise. Esta melhoria traduz-se numa redução das perdas totais de energia, numa redução dos desvios totais de tensão e na maximização da estabilidade do sistema. Para calcular estes parâmetros e ver o efeito da GD, é necessária uma solução de fluxo de carga para o sistema. Ao contrário dos sistemas de transmissão, a resolução dos sistemas de distribuição radial utilizando fluxos de carga tradicionais, como os métodos de Newton Raphson ou Gauss-Seidel, pode divergir devido à natureza dos sistemas de distribuição e à esparsidade das suas matrizes. O principal objetivo da atribuição de GD no sistema de distribuição é minimizar as perdas de energia, minimizar o VD e maximizar o VSI para o problema multiobjectivo. A formulação matemática para as três funções objetivo é apresentada nas subsecções seguintes:

(1) **Minimização da perda total de potência ativa:** As perdas de potência ativa no sistema de distribuição são elevadas devido à estrutura radial destes sistemas, pelo que é importante reduzir as perdas de potência, P_{loss}. A função objetivo f1 para a minimização de P_{loss} é

$$f_1 = min(P_{loss}) \qquad (5.1)$$

As perdas totais de potência P_{loss} no sistema de distribuição são calculadas utilizando a fórmula de perda de corrente nos ramos e, subsequentemente, o índice de perda de potência (ΔPL_{DG}) é avaliado [5].

$$P_{loss} = \sum_{z=1}^{N_{br}} |I_z^2| R_z \qquad (5.2)$$

onde, z é o número do ramo, N_{br} é o número total de ramos, $|I_z|$ o valor absoluto da corrente que passa pelo ramo e R_z é a resistência do ramo.

Ao instalar as GD, a perda é reduzida. O índice de perda de potência (ΔPL_{DG}) é dado

$$\Delta PL_{DG} = \frac{P_{DGTloss}}{PT_{loss}} \qquad (5.3)$$

A redução da perda líquida de energia pode ser maximizada com a instalação de GD, minimizando ΔPL_{DG}. PTi_{oss} é a perda de potência total do sistema (caso de base) sem GD e $P_{DG}Tioss$ é a perda de potência total do sistema com GD.

(2) **Minimização do desvio total de tensão (VD):** O desvio total de tensão VD indica o nível da tensão RDS e como se afasta do valor especificado V_{sep}, pelo que o VD para o sistema pode ser calculado utilizando a magnitude da tensão v_i no barramento i com

base numa tensão especificada como:

$$V_D = \sum_{i=1}^{n\_bus} \left(V_{sep} - V_i\right)^2 \tag{5.4}$$

onde, V_{sep} é a tensão especificada e é tomada 1,00 p.u. , V_i é a magnitude da tensão no barramento i. Por conseguinte, a segunda função objetivo é

$$f_2\ min\,(V_D) \tag{5.5}$$

Se houver alguma violação do limite de tensão no sistema durante a instalação da GD, o AV_D é reduzido a zero para suprimir a variação de tensão. Aqui AVD é o índice de desvio de tensão.

$$\Delta V_D = min\ \frac{(V_1 - V_k)}{V_1}\ \ \ k = 1,2\ldots,n \tag{5.6}$$

(3) **Minimização dos custos de funcionamento**: A vantagem da instalação da GD é a diminuição do custo de funcionamento. O custo operacional é dividido em dois componentes. A energia real fornecida pela subestação é o primeiro componente do custo. Este custo pode ser minimizado através da redução das perdas na linha [86-88]. A energia real fornecida pela instalação da GD é o segundo componente do custo [6]. Este custo pode ser reduzido através da otimização da dimensão da unidade de GD. O custo operacional total (COT) a ser reduzido é,

$$(4)\ TOC = \left(c_1\ P_{DG,Tloss}\right) +$$

$$c_2 P_{DGT} \tag{5.7}$$

em que, c_1= coeficiente da potência real fornecida pela subestação em \$/kW

c_2 = coeficiente de custo da GD em \$/kW

P_{DGT} = Potência real total fornecida pela GD no sistema.

Δ OC é o custo líquido de exploração que é dado como

$$= \frac{\Delta OC}{TOC} \quad\Bigg/\ c_2 P_{DGT}^{max} \tag{5.8}$$

(I) Custo total da energia real DG

O custo da energia real fornecida pela GD, c_{PDG}, é avaliado considerando o custo de instalação com o custo de operação e manutenção. É definido da seguinte forma:

$$CP_{DG} = CP_{DG}^{INV}\ CP_{DG}^{O\&M} \tag{5.9}$$

Em que, CP_{DG}^{INV} e $CP_{DG}^{O\&M}$ são os custos reais de investimento em energia e de funcionamento e $DGDG$

custo de manutenção, P_{DGi} representa a potência real injetada pela GD no i-ésimo barramento, O_{DG} é o custo de investimento da GD, PP é o período de planeamento, Y_{DG} é o custo de operação e manutenção da GD, PW é o fator de valor atual.

$$CP_{DG} = \sum_{i=1}^{NDG} P_{DGi}\,\beta_{DG} \qquad\qquad (5.10)$$

$$= \sum_{i=1}^{NDG} \sum_{j=1}^{PP} PW\,P_{DGi}\,\gamma_{DG} \qquad\qquad (5.11)$$

(II) Custo total da energia reactiva DG

A potência reactiva produzida por um gerador diminuirá a sua capacidade de produção de potência ativa, que pode fornecer pelo menos a reserva giratória, e a correspondente perda financeira oculta para o gerador é modelada como um custo de oportunidade. Não é fácil determinar o valor real do custo de oportunidade. Para simplificar, consideramo-lo aproximadamente como

$$CQ_{DG} = [CS_{DG} - C(\sqrt{S^2{}_{DG}\text{-}Q^2{}_{DG}})]\,k \qquad\qquad (5.12)$$

onde, S_{DG} é a potência aparente nominal total das GD; C_{PDG} e C_{QDG} são o custo total da potência real e da potência reactiva das GD em \$. k é a taxa de lucro da produção de potência ativa, normalmente entre 5 e 10%. Neste caso, assumimos k=10% . A taxa de lucro "k" das unidades de produção de eletricidade tem de ser da ordem dos 5-10%. Outras unidades geradoras que não utilizam diretamente a ligação à rede têm de injetar uma corrente reactiva adicional com k igual a 2 ou superior. Não existe qualquer orientação para a seleção do "k" mais adequado. A taxa de lucro de 10% é utilizada para calcular o custo total da energia reactiva para um sistema de produção distribuída (GD). A seleção efectiva depende das circunstâncias específicas, da análise financeira e da dinâmica do mercado do projeto de produção de energia. Diferentes projectos podem escolher diferentes taxas de lucro com base nas suas considerações e objectivos individuais. Preços de mercado mais elevados para a eletricidade podem permitir uma taxa de lucro mais elevada, enquanto preços mais baixos podem exigir uma taxa de lucro mais baixa para manter a rentabilidade.

5.4 VISÃO GERAL DO ALGORITMO DAS ALGAS ARTIFICIAIS

Este algoritmo de otimização de Algas Artificiais é selecionado com base nas expressões analíticas melhoradas para encontrar os barramentos mais úteis em que as perdas são menores e em que vários dispositivos DG estão bem posicionados. Também ajuda a reduzir o espaço de solução. Nesta tese, entre quatro tipos de unidades de GD, apenas se considera uma GD de tipo 1, ou seja, uma GD que injecta apenas potência real, e aplica-se o método do algoritmo das algas artificiais (AAA) para a colocação de várias GD no sistema de distribuição, a fim de reduzir as perdas, melhorar o perfil de tensão e minimizar os custos de exploração.

Trata-se de um algoritmo de otimização metaheurístico de inspiração biológica, desenvolvido por Sait Ali Uymaz, Gulay Tezel e EsraYel em 2015. As algas encontram-se em vários locais, na água do mar, em água doce normal, em zonas cobertas de gelo e em vários outros locais. Para o crescimento ou reprodução destas algas, são necessárias condições adequadas de luz, temperatura e outras condições ambientais. Normalmente, uma alga cresce no líquido, perto da superfície, de modo a obter luz adequada para a fotossíntese, que também lhe fornece os nutrientes necessários para se reproduzir por divisão mitótica. Se as condições de vida não forem satisfatórias, as algas morrem ou tentam adaptar-se às novas condições.

Estas algas podem ser classificadas com base na cor (azul, preto, verde, etc.) ou no número de células (algas unicelulares ou algas bicelulares). O algoritmo das algas artificiais foi desenvolvido com base no comportamento das algas unicelulares (Uymaz & Tezel, 2015).

No desenvolvimento do Algoritmo das Algas Artificiais (AAA), a função objetivo é considerada como o espaço em que as algas podem receber luz suficiente para a fotossíntese, o que, por sua vez, as ajuda a crescer. Este algoritmo tem três partes básicas principais designadas por processo evolutivo, adaptação e movimento helicoidal. (Uymaz& Tezel, 2015)

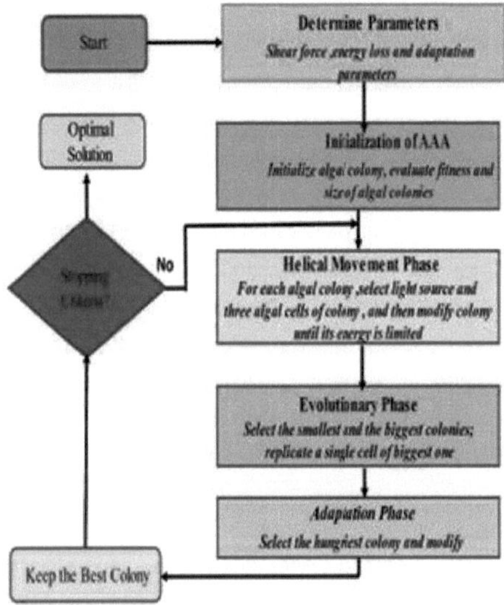

Figura 5.3 Fluxograma do método AAA

5.5 Pseudocódigo do Algoritmo das Algas Artificiais

```
c=Parameters.N;
ALG = Parameters.LB + (Parameters.UB-
Parameters.LB).*rand(Parameters.N,Parameters.D);
STARVE=zeros (1, Parameters.N);    % Initialize starving values
BIG_ALG=ones (1, Parameters.N);    % Initialize size values
for i=1:1: Parameters.N
```

```
    OBJ_ALG(i) = feval(Function_Name,ALG(i,:));
end

[value, indis] = min(OBJ_ALG);
BEST_ALG = ALG(indis,:);
OBJ_BEST_ALG = value;
BIG_ALG=Calculate Greatness (BIG_ALG, OBJ_ALG);        % Calculate size values

while (c<Parameters.MaxFEVs)

    KLORO_ALG        = Greatness Order (BIG_ALG);   % Calculate energy values
    BIG_ALG_SURFACE = Friction Surface (BIG_ALG);    % Sorting by descending size and
normalize between [0,1]

    for i=1:Parameters.N
       istarve=0;
       while (KLORO_ALG(i)>=0 && c<Parameters.MaxFEVs)
          Neighbor = tournement_selection (OBJ_ALG);
          while (Neighbor==i) Neighbor = tournement_selection (OBJ_ALG); end;
          params=randperm (Parameters.D,3);
          NEW_ALG=ALG (i,:);
          NEW_ALG (params (1)) = NEW_ALG (params (1)) + (ALG (Neighbor, params (1)) -
NEW_ALG(params(1))) * (Parameters.K-BIG_ALG_SURFACE(i)) * (rand-0.5)*2;
          NEW_ALG (params (2)) = NEW_ALG (params (2)) + (ALG (Neighbor, params (2)) -
NEW_ALG(params(2))) * (Parameters.K-BIG_ALG_SURFACE(i)) * cos(rand*360);
          NEW_ALG (params (3)) = NEW_ALG (params (3)) + (ALG(Neighbor, params(3)) -
NEW_ALG(params(3))) * (Parameters.K-BIG_ALG_SURFACE(i)) * sin(rand*360);
```

5.6 Fluxograma do método LSF

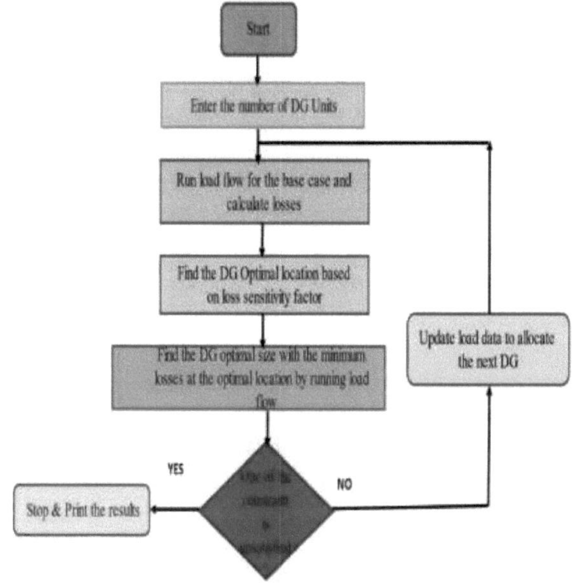

Figura 5.4 Fluxograma do método LSF

5.7 ALGORITMO PARA ENCONTRAR A LOCALIZAÇÃO ÓPTIMA E A DIMENSÃO ÓPTIMA PARA A PENETRAÇÃO DA GD, CONSIDERANDO A

PERDA DE POTÊNCIA, O DESVIO DE TENSÃO E O CUSTO DE FUNCIONAMENTO:

1. Temos de selecionar unidades de produção distribuída.
2. Na etapa seguinte, é necessário efetuar uma análise do fluxo de carga no sistema.
3. A partir do resultado obtido na etapa 2, é necessário determinar a quantidade de trabalho objetivo.
4. Para escolher a melhor solução para as algas, temos de escolher a quantidade mínima de trabalho propositado.
5. Em seguida, atualizar a colónia de algas com movimentos helicoidais.
6. Depois disso, o processo de propagação e modificação é efectuado.
7. Repetir os passos 2-5.

Foi efectuada uma comparação dos dois resultados. Parar a solução quando a posição de paragem for atingida; caso contrário, a repetição é efectuada.

5.8 RESUMO

Este capítulo mostra que a perda de potência, o custo e o desvio de tensão são minimizados em grande medida quando a GD é injectada no sistema, estabelecendo as vantagens da penetração da GD no problema de otimização do fluxo de potência ótimo. Os resultados da simulação também mostram que o caso 4 (GD do tipo I) é mais eficaz na redução das perdas de linha, do custo e do desvio de tensão associados a todos os outros casos. O perfil de tensão também é melhorado com o fator de potência de desfasamento da GD. Os resultados mostram que o desvio de tensão é muito reduzido quando uma GD é introduzida no sistema, indicando os benefícios da distribuição de GD no problema da melhoria do fluxo positivo de energia. Os resultados obtidos indicam claramente que a abordagem proposta tem potencial para determinar o valor de desenvolvimento global em todos os contextos de investigação. Além disso, é estudada a inclusão do custo da GD de potência reactiva no custo do sistema e o seu impacto nas perdas de potência ativa, no perfil de tensão e na poupança de custos do sistema.

O método proposto é testado em 33 e 69 autocarros e são apresentados os resultados da simulação. Os resultados obtidos com o método de otimização proposto são comparados com métodos como o método do vetor de índice, o algoritmo Dragonfly e o método Elephant herding. Os resultados da simulação confirmam que o algoritmo proposto é o melhor e mais eficiente entre os outros relatados na literatura, em termos de fiabilidade, robustez, consistência e taxa de convergência na resolução do problema de fluxo de potência ótimo para todos os casos de estudo.

CAPÍTULO-6

CONCLUSÃO

Numa rede de distribuição, a instalação de GD está a tornar-se mais proeminente. Há muitos benefícios associados à instalação de GDs. Os benefícios incluem a redução das perdas de energia, a melhoria do perfil de tensão, a redução do impacto das emissões e a melhoria da qualidade da energia, entre outros. Durante a fase de planeamento, os benefícios adicionais das GD ajudam a melhorar a infraestrutura do sistema de energia. O planeamento e a conceção da rede de distribuição constituem um grande desafio devido às alterações políticas, à desregulamentação do sector da energia e à melhoria das tecnologias de GD. Embora a GD esteja relacionada com os consumidores, é da responsabilidade do engenheiro que investiga e planeia estratégias de GD para um funcionamento estável, eficiente e fiável das redes de distribuição. Nesta tese, são implementadas três abordagens diferentes, como se segue:

(i) Minimização da perda total da linha

(ii) Minimização dos custos operacionais totais

(iii) Minimização do desvio da tensão total

O trabalho de investigação investiga o problema do fluxo de potência ótimo (OPF) para redes de distribuição com a integração de produção distribuída (DG). Através da normalização de cada função objetivo, a otimização multi-objetivo é transformada numa otimização de objetivo único. Neste trabalho de investigação, o Algoritmo de Algas Artificiais (AAA) é utilizado para a solução do problema de fluxo ótimo. Os principais objectivos do trabalho de investigação são minimizar a perda de potência real (RPL), o desvio de tensão num barramento e o custo de funcionamento, obter o valor ótimo do nível de penetração da Geração Distribuída (DG) e explorar as possibilidades de obter a melhor solução/algoritmo para os problemas de OPF multi-objectivos. O algoritmo proposto é simulado no MATLAB R2019b e a eficácia é realizada no sistema de distribuição radial IEEE 33 e IEEE 69 bus e foram alcançados resultados satisfatórios quando comparados com outras técnicas de otimização.

Os resultados da simulação confirmam que o algoritmo proposto é o melhor e mais eficiente entre os outros relatados na literatura, em termos de fiabilidade, robustez, consistência e taxa de convergência na resolução do problema do fluxo de potência ótimo para todos os casos de estudo. O algoritmo proposto dá resultados consistentes em qualquer condição sem violar qualquer restrição de igualdade e desigualdade.

LISTA DE REFERÊNCIAS

[1] Hamid Falaghi, Mahmood-Reza Haghifam, "Algoritmo baseado em ACO para alocação e dimensionamento de fontes de geração distribuída em sistemas de distribuição", em: Power Tech, 2007 IEEE Lausanne, IEEE, 2007

[2] J. A. Momoh e J. Zhu, "Multi-area power systems economic" Electric Power Syst. Research, vol. 59, pp. 13-20, 2001

[3] J. Sarvaiya e M. Chudasama, "Planeamento multiobjectivo para a atribuição óptima de unidades DG e RPC no sistema de distribuição radial utilizando algoritmo genético," vol. 1, pp. 485-476, 2018, doi: 10.29007/bngk

[4] J. Yang, W. Feng, X. Hou, Q. Xia, X. Zhang e P. Wang, "Um algoritmo de controlo cooperativo distribuído para um fluxo de energia e regulação de tensão óptimos no sistema de energia CC", IEEE Trans. Power Deliv., vol. 35, no. 2, pp. 892-903, 2020, doi: 10.1109/TPWRD.2019.2930528.

[5] J. Zhang, Q. Tang, P. Li, D. Deng e Y. Chen, "Uma abordagem MOEA/D modificada para a solução do problema de fluxo de potência ótimo multi-objetivo", Appl. Soft Comput. J., vol. 47, pp. 494-514, 2016, doi: 10.1016/j.asoc.2016.06.022.

[6] Jeyadevi, S., Baskar, S., Babulal C., e Iruthayarajan, M. W., 2011, "Solving multi-objectiveoptimal reactive power dispatch using modified NSGA-II", International Journal of Electrical Power& Energy Systems, 33, pp. 219-228.

[7] R. Viral e D. K. Khatod, "Optimal planning of distributed generation systems in distribution system: A review", Renew. Sustain. Energy Rev., vol. 16, no. 7, pp. 5146-5165, 2012, doi: 10.1016/j.rser.2012.05.020.

[8]M. Mahdavi, M. Fesanghary, and E. Damangir, "An improved harmony search algorithm for solving optimization problems," Appl. Math. Comput., vol. 188, no. 2, pp. 1567-1579, 2007

[9]M.Pushpanjalli, Dr.M.S.Sujatha, "A Navel multi objective under frequency load shedding in a micro grid using genetic algorithm", International journal of Advanced Research in Electrical, Electronics and Instrumentation Engineering, ISSN:2278-8875, Vol:4, Issue:6, June,2015

[10] Meng Zhang, Yang Li. "Despacho de potência reactiva óptima multiobjectivo de sistemas de energia 12 1% 13 1% 14 1% 15 1% 16 1% através da combinação de algoritmo evolutivo multiobjectivo baseado em classificação e tomada de decisão integrada", IEEE Access, 2020

[11] Mustafa F.shaaban, Yasser M. Atwa, "DG Allocation for benefit maximization in distribution networks", IEEE Transaction on Power system, 28(2), 2013, 639-649.

[12] N. Belbachir, M. Zellagui, A. Lasmari, C. Z. El-Bayeh, e B. Bekkouche, "Optimal integration of photovoltaic distributed generation in electrical distribution network using hybrid modified PSO algorithms," Indones. J. Electr. Eng. Comput. Sci., vol. 24, no. 1, pp. 50-60, 2021, doi: 10.11591/ijeecs. v24.i1.pp50-60.

[13] Nguyen, T.P. and Vo, D.N., 2018," A novel stochastic fractal search algorithm for optimal allocation of distributed generators in radial distribution systems" Applied Soft Computing, 70, pp.773-796.

[14] H. H. Happ, "Optimal power dispatch-A comprehensive survey", IEEE Trans. Power Apparat. Syst., vol. PAS-90, pp. 841-854, 1977.

[15] J. Carpentier, "Optimal power flow, uses, methods and system Proc. of IFAC symposium, Brasil, 1985, pp. 11-21.

[16] Jordan Radosavljevic. "Optimal power flow in transmission networks", Instituição de Engenharia e Tecnologia (IET), 2011

[17] B. Srinivasa Rao, K. Vaisakh. "Novas variantes/métodos híbridos do algoritmo memético para resolver o problema do fluxo de potência ótimo com incerteza de carga", International Journal of Hybrid Intelligent Systems, 2013

[18] J. Zhang, "Optimal Power Flow Control for Congestion Management by Interline Power Flow Controller (IPFC)", 2006 International Conference on Power System Technology, 2006

[19]   Anastasios G. Bakirtzis, Pandel N. Biskas, Christofors E. Zoumas, Vasilios Petridis, "Optimal Power Flow by Enhanced Genetic Algorithm", IEEE Transaction on Pow er System, Vol.17, No.2, pp.229 -236, maio de 2002

[20]   Thang Trung Nguyen, "Um algoritmo de otimização de aranha social de alto desempenho para uma solução óptima de fluxo de energia com otimização de objetivo único", Sistemas Eléctricos de Potência e Energia,2019

[21]   Saket Gupta, Narendra Kumar, Laxmi Srivastava. "Algoritmo de enxame de pássaros para resolver o problema de fluxo de energia ideal multiobjectivo" 2018 2ª Conferência Internacional IEEE sobre Eletrónica de Potência, Controlo Inteligente e Sistemas de Energia (ICPEICES), 2018

[22]   Reddy, S. S., 2017, "Solution of multi-objective optimal power flow using efficient metaheuristic algorithm", Electrical Engineering, pp. 1-13.

[23]   Rudra Pratap Singh, V. Mukherjee, S.P. Ghoshal "Particle swarm optimization with an aging leader and challenger's algorithm for optimal power flow problem with FACTS devices" Electric power and Energy system 64 pp.1185-1196,2015.

[24]   Ackermann, T., Anderson, G. e Soder, L. (2001) "Distributed generation: a definition" Electric Power Systems Research, 57, 195-204

[25]   Bart Meersman, Bert Renders, Lieven Degroote, Tine Vandoorn, Lieven Vandevelde, "Three-phase inverter-connected DG-units and voltage unbalance", Electric Power Systems Research ,2011

[26]   Farhad Shahniaa, Ritwik Majumderb, Arindam Ghosha, Gerard Ledwicha, Firuz Zarea, "Voltage imbalance analysis in residential low voltage distribution networks with rooftop PVs", Electric PowerSystemsResearch,2011

[27]   V. Calderaroa, G. Coniob, V. Galdia, A. Piccoloa, "Controlo de potência reactiva para melhorar os perfis de tensão: A comparison between two decentralized approaches", Electric Power Systems Research,2012

[28]   O. Ipinnimoa, S. Chowdhurya, S.P. Chowdhurya, J. Mitrab, "A review of voltage dip mitigation techniques with distributed generation in electricity networks", Electric Power Systems Research, 2013

[29]   Abdelhamid Kechroud, Paulo F. Ribeiro, Wil. L. Kling, "Suporte de geração distribuída para regulação de tensão: Uma abordagem adaptativa", Electric Power Systems Research,2014

[30]   P.C. Olivala, A.G. Madureira, M. Matosa, "Controlo avançado de tensão para microrredes inteligentes que utilizam recursos energéticos distribuídos", Electric Power Systems Research,2017

[31]   Wang, C. e Nehrir, M.H., 2004," Analytical approaches for optimal placement of distributed generation sources in power systems", IEEE Transactions on Power systems.

[32]   Ghosh, S., Ghoshal, S.P. e Ghosh, S., 2010 "Optimal sizing and placement of distributed generation in a network system", International Journal of Electrical Power & Energy Systems.

[33]   Gautam, D. e Mithulananthan, N., 2007, "Optimal DG placement in deregulated electricity market" Electric Power Systems Research, 77(12)

[34]   Khalesi, N., Rezaei, N. e Haghifam, M.R., 2011 "DG allocation with application of dynamic programming for loss reduction and reliability improvement", International Journal of Electrical Power & Energy Systems.

[35]   W. El-Khattam, K. Bhattacharya, Y. Hegazy, e M. M. A. Salama, "Optimal investment planning for distributed generation in a competitive electricity market," IEEE Trans. Power Syst., vol. 19, no. 3, pp. 1674-1684, 2004, doi: 10.1109/TPWRS.2004.831699.

[36]   Ganguly, S. e Samajpati, D., 2017 "Distributed generation allocation with on-load tap changer on radial distribution networks using adaptive genetic algorithm", Applied Soft Computing.

[37]   Gonggui Chen, Junjie Yang "A New Particle Swarm Optimization Solution to Optimal Reactive Power Flow Problems" IEEE 978- 4244-2487-0-09, 2009

[38]   Hamed Piarehzadeh, Amir Khanjanzadeh, Reza Pejmanfer," Comparison of harmony search algorithm and particle swarm optimization for distributed generation allocation to improve steady state voltage stability of distribution networks", Res. J. Appl. Sci. Eng. Technol. 4 (15) (2012)

[39]   HC Leung e Dylan Dah-Chuan Lu "Particle Swarm Optimization for OPF with Consideration of FACTS devices" IEEE 978-1-61284

[40]   Sayah, S., Zehar, K.: Modified differential evolution algorithmfor optimal power flow with nonsmooth cost functions" Energy Convers. Manag. 49, 3036-3042 (2008)

[41]   Carlos A. Coello Coello. "A comparative study of differential evolution variants for global optimization" , Actas da 8ª conferência anual sobre computação genética e evolutiva - GECCO 06 GECCO 06, 2006.

[42]   Aniruddha Bhattacharya, P.K. Chattopadhyay. "Hybrid differential evolution with biogeography-based optimization algorithm for solution of economic emission load dispatch problems", Expert Systems with Applications, 2011.

[43]   Tom Sennewald, Franz Linke, Jakob Reck e Dirk Westermann, "Parameter Optimization of Differential Evolution and Particle Swarm Optimization in the Context of Optimal Power Flow",IEEE PES Innovative Smart Grid Technologies Europe(ISGT-Europe)outubro -2020

[44]   Nima Amjady,Hossein Sharifzadeh "Solution of non-convex economic dispatch problem considering valve loading effect by a new Modified Differential Evolution algorithm", Electrical Power and Energy Systems ,2010

[45]J. Preetha Rosely, D. Devaraj Subhransu Sekhar Dash,"Abordagem de evolução diferencial multiobjectivo para o problema de planeamento da potência reactiva condicionada pela estabilidade da tensão", Sistemas Eléctricos de Potência e Energia, 2014

[46] L. A. Wong, V. K. Ramachandaramurthy, P. Taylor, J. B. Ekanayake, S. L. Walker e S. Padmanaban, "Revisão sobre a colocação, dimensionamento e controlo ideais de um sistema de armazenamento de energia na rede de distribuição", J. Energy Storage, vol. 21, no. dezembro de 2018, pp. 489504, 2019, doi: 10.1016/j.est.2018.12.015.

[47]S. A. Uymaz, G. Tezel, E. Yel, "Algoritmo de Algas Artificiais com fonte multilight para otimização numérica e aplicação", Biosystems, Vol. 138, pp. 25-38, 2015

[48]M. Beskirli, "Estratégia de seleção de parâmetros individuais para o algoritmo de algas artificiais (AAA)", J. Comput., vol. 13, no. 4, pp. 450-460, 2018, doi: 10.17706/jcp.13.4.450-460.

[49]G. Celli, E. Ghiani, S. Mocci, and F. Pilo, "A multi-objective evolutionary algorithm for the sizing and siting of distributed generation," IEEE Trans. Power Systems, vol. 20, pp. 750757, 2005

[50]M. Sedighizadeh, M. Fallahnejad, M. R. Alemi, M. Omidvaran, e D. Arzaghi-haris, "Optimal placement of distributed generation using combination of PSO and clonal algorithm," IEEE International Conference on Power and Energy, 2010.

[51] G. Chen, J. Qian, Z. Zhang e Z. Sun, "Fluxo de energia ótimo multi-objetivo baseado no algoritmo híbrido firefly-bat e restrições - estratégia de classificação prévia de objectos difusos", IEEE Access, vol. 7, pp. 139726-139745, 2019, doi: 10.1109/ACCESS.2019.2943480.

[52]G. Pepermans, J. Driesen, D. Haeseldonckx, R. Belmans, W. D'haeseleer, "Distributed generation: definition, benefits and issues" Energy Policy 33 (6) (2005)

[53]   Ghasemi, M., Ghavidel, S., Gitizadeh, M., and Akbari, E., 2015, "An improved teachinglearning-based optimization algorithm using Levy mutationstrategy for non-smooth optimal power flow",International Journal of Electrical Power & EnergySystems, 65, pp. 375-384.

[54]   Gustavo J.S. Rosseti, Edimar J. de Oliveira, Leonardo W. de Oliveira, Ivo C. Silva Jr., Wesley Peres, "Alocação ótima de geração distribuída com reconfiguração em sistemas de distribuição elétrica", Sistemas Eléctricos de Potência e Energia,2013

[55]   Giixenc, U., Sonmez, Y., Duman, S., e Yorukeren,N., 2012, "Combined economic and emission dispatch solution using gravitational search algorithm", Scientia Iranica, 19, pp. 1754-1762.

[56]   H. A. Gil e G. Joos, "Models for quantifying the economic benefits of distributed generators," IEEE Trans. Power Systems, vol. 23, pp. 327-335, 2008

[57]   Y. Zhu, K. Tomsovic," Optimal Distribution Power Flow for Systems with Distributed Energy Resources", International Journal of Electrical Power and Energy Systems, Vol. 29, No. 3, março de 2007, pp. 260 - 267

[58]P. Chidareja e R. Ramakumar, "An approach to quantify technical benefits of distributed generation," IEEE Trans. Energy, vol. 19, no. 4, pp. 764-773, 2004.

[59]P. Chidareja, "Benefits of distributed generation: A line loss reduction analysis", Transmission and Distribution Conference and Exhibition: Ásia e Pacífico, 2005.

[60] P. Paliwal, N. P. Patidar, and R. K. Nema, "Planning of grid integrated distributed generators: A review of technology, objectives and techniques," Renew. Sustain. Energy Rev., vol. 40, pp. 557-570, 2014, doi: 10.1016/j.rser.2014.07.200.

Apêndice -A
6 - DADOS DO SISTEMA DE BUS

Quadro A 1.1 Dados do barramento para o sistema de 6 barramentos

Autocarro n.º.	Tipo de autocarro	Perfil de tensão	Pgen MW)	Carregar	Qload MV.AR)
1	Balanço	1.05			
2	Gen	1.05	0.50	0.0	0.0
3	Gen	1.07	0.60	0.0	0.0
4	Carga		0.0	0.7	0.7
5	Carga		0.0	0.7	0.7
6	Carga		0.0	0.7	0.7

Tabela A 1.2 Dados de linha para o sistema de 6 barramentos

De autocarro	Para o autocarro	R(pu)	X(pu)	BCAP(pu)
1	2	0.10	0.20	0.02
1	4	0.05	0.20	0.02
1	5	0.08	0.30	0.03
2	3	0.05	0.25	0.03
2	4	0.05	0.10	0.01
2	5	0.10	0.30	0.02
2	6	0.07	0.20	0.025
3	5	0.12	0.30	0.025
3	6	0.02	0.10	0.01
4	5	0.20	0.40	0.04
5	6	0.10	0.30	0.03

APÊNDICE B
DADOS DO SISTEMA DE BARRAMENTO IEEE 30

Tabela B 1.1 Dados de barramento para o sistema de 30 barramentos IEEE

Autocarro Não.	Tensão de barramento		Geração		Loa d	
	Magnitude (P.U)	Ângulos de fase (graus)	MW real	MVAR reativo	MW real	Reativar MVAR
1	1.0500	0.0	138.48	-2.79	0.0	0.0
2	1.0338	-2.7339	57.56	2.47	21.7	12.7
3	1.0313	-4.6815	0.0	0.0	2.4	1.2
4	1.0263	-5.6077	0.0	0.0	7.6	1.6
5	1.0058	-8.9930	24.56	22.57	94.2	19.0
6	1.0208	-6.4547	0.0	0.0	0.0	0.0
7	1.0069	-8.0244	0.0	0.0	22.8	10.9
8	1.0230	-6.4733	35.0	34.84	30.0	30.0
9	1.0332	-8.0300	0.0	0.0	0.0	0.0
10	1.0183	-9.9268	0.0	0.0	5.8	2.0
11	1.0913	-6.1345	17.93	30.78	0.0	0.0
12	1.0399	-9.4036	0.0	0.0	11.2	7.5
13	1.0883	-8.2049	16.91	37.83	0.0	0.0
14	1.0236	-10.3086	0.0	0.0	6.2	1.6
15	1.0179	-10.3600	0.0	0.0	8.2	2.5
16	1.0235	-9.90280	0.0	0.0	3.5	1.8
17	1.0144	-10.1356	0.0	0.0	9.0	5.8
18	1.0057	-10.9253	0.0	0.0	3.2	0.9
19	1.0017	-11.0615	0.0	0.0	9.5	3.4
20	1.0051	-10.8310	0.0	0.0	2.2	0.7
21	1.0061	-10.4047	0.0	0.0	17.5	11.2
22	1.0069	-10.3936	0.0	0.0	0.0	0.0
23	1.0053	-10.7221	0.0	0.0	3.2	1.6
24	0.9971	-10.8465	0.0	0.0	8.7	6.7
25	1.0086	-10.9074	0.0	0.0	0.0	0.0
26	0.9908	-11.3345	0.0	0.0	3.5	2.3
27	1.0245	-10.6624	0.0	0.0	0.0	0.0
28	1.0156	-6.86710	0.0	0.0	0.0	0.0
29	1.0047	-11.8893	0.0	0.0	2.4	0.9
30	0.9932	-12.7699	0.0	0.0	10.6	1.9

59

Tabela B 1.2 Dados de linha para o sistema de 30 barramentos IEEE

Linha n	Entre autocarros	Impedância da linha		Susceptância de carga de
		R por unidade	X por unidade	meia linha por unidade
1	1 - 2	0.0192	0.0575	0.0528
2	1 - 3	0.0452	0.1652	0.0408
3	2 - 4	0.0570	0.1737	0.0368
4	3 - 4	0.0132	0.0379	0.0084
5	2 - 5	0.0472	0.1983	0.0418
6	2 - 6	0.0581	0.1763	0.0374
7	4 - 6	0.0119	0.0414	0.0090
8	5 - 7	0.0460	0.1160	0.0204
9	6 - 7	0.0267	0.0820	0.0170
10	6 - 8	0.0120	0.0420	0.0090
11	6 - 9	0.0	0.2080	0.0
12	6 - 10	0.0	0.5560	0.0
13	9 - 10	0.0	0.1100	0.0
14	4 - 12	0.0	0.2560	0.0
15	12 - 14	0.1231	0.2559	0.0
16	12 - 15	0.0662	0.1304	0.0
17	12 - 16	0.0945	0.1987	0.0
18	14 - 15	0.2210	0.1997	0.0
19	16 - 17	0.0524	0.1923	0.0
20	15 - 18	0.1073	0.2185	0.0
21	18 - 19	0.0639	0.1292	0.0
22	19 - 20	0.0340	0.0680	0.0
23	10 - 20	0.0936	0.2090	0.0
24	10 - 17	0.0324	0.0845	0.0
25	10 - 21	0.0348	0.0749	0.0
26	10 - 22	0.0727	0.1499	0.0
27	21 - 22	0.0116	0.0236	0.0
28	15 - 23	0.1000	0.2020	0.0
29	22 - 24	0.1150	0.1790	0.0
30	23 - 24	0.1320	0.2700	0.0
31	24 - 25	0.1885	0.3292	0.0
32	25 - 27	0.1093	0.2087	0.0
33	28 - 27	0.0	0.3960	0.0
34	27 - 29	0.2198	0.4153	0.0
35	27 - 30	0.3202	0.6027	0.0
36	29 - 30	0.2399	0.4533	0.0
37	8 - 28	0.0636	0.2000	0.4028
38	6 - 28	0.0169	0.0599	0.0130
39	9 - 11	0.0	0.2080	0.0
40	12 - 13	0.0	0.1400	0.0
41	25 - 26	0.2544	0.3800	0.0

Tabela B 1.3 Limites de MW para ramos no sistema de 30 barramentos IEEE

Linha	Limite MW (pu)
1 - 2	1.0400

1 - 3	1.0400
2 - 4	0.5200
3 - 4	1.0400
2 - 5	1.0400
2 - 6	0.5200
4 - 6	0.7200
5 - 7	0.5600
6 - 7	1.0400
6 - 8	0.2560
6 - 9	0.5200
6 - 10	0.2560
9 - 10	0.5200
4 - 12	0.5200
12 - 14	0.2560
12 - 15	0.2560
12 - 16	0.2560
14 - 15	0.1280
16 - 17	0.1280
15 - 18	0.1280
18 - 19	0.1280
19 - 20	0.2560
10 - 20	0.2560
10 - 17	0.2560
10 - 21	0.2560
10 - 22	0.2560
21 - 22	0.2560
15 - 23	0.1280
22 - 24	0.1280
23 - 24	0.1280
24 - 25	0.4800
25 - 27	0.1280
28 - 27	0.5200
27 - 29	0.1280
27 - 30	0.1280
29 - 30	0.1280
8 - 28	0.2560
6 - 28	0.2560
9 - 11	0.5200
12 - 13	0.5200
25 - 26	0.1280

APÊNDICE C

Tabela C 1.1 Dados do sistema de 33 barramentos

Número da sucursal	Nó de envio	Nó recetor	Resistência Ohms	Reactância ohms	Carga real kW	Reativo Carga Kvar
1	1	2	0.0922	0.0470	100	60
2	2	3	0.4930	0.2511	90	40
3	3	4	0.3660	0.1864	120	80
4	4	5	0.3811	0.1941	60	30
5	5	6	0.8190	0.7070	60	20
6	6	7	0.1872	0.6188	200	100
7	7	8	0.7114	0.2351	200	100
8	8	9	1.0300	0.7400	60	20
9	9	10	1.0440	0.7400	60	20
10	10	11	0.1966	0.0650	45	30
11	11	12	0.3744	0.1238	60	35
12	12	13	1.4680	1.1550	60	35
13	13	14	0.5416	0.7129	120	80
14	14	15	0.5910	0.5260	60	10
15	15	16	0.7463	0.5450	60	20
16	16	17	1.2890	1.7210	60	20
17	17	18	0.7320	0.5740	90	40
18	18	19	0.1640	0.1565	90	40
19	19	20	1.5042	1.3554	90	40
20	20	21	0.4095	0.4784	90	40
21	21	22	0.7089	0.9373	90	40
22	22	23	0.4512	0.3083	90	50
23	23	24	0.8980	0.7091	420	200
24	24	25	0.8960	0.7011	420	200
25	25	26	0.2030	0.1034	60	25
26	26	27	0.2842	0.1447	60	25
27	27	28	1.0590	0.9337	60	20
28	28	29	0.8042	0.7006	120	70
29	29	30	0.5075	0.2585	200	600
30	30	31	0.9744	0.9630	150	70
31	31	32	0.3105	0.3619	210	100
32	32	33	0.3410	0.5302	60	40

62

APÊNDICE D

Quadro D 1.1 Dados do sistema de 69 barramentos

Número da sucursal	Nó de envio	Nó recetor	Resistência ohms	Reactância ohms	Carga real kW	Carga reactiva KVar
1	1	2	0.0005	0.0012	0	0
2	2	3	0.0005	0.0012	0	0
3	3	4	0.0015	0.0036	0	0
4	4	5	0.0251	0.0294	0	0
5	5	6	0.366	0.1864	2.6	2.2
6	6	7	0.3811	0.1941	40.4	30
7	7	8	0.0922	0.047	75	54
8	8	9	0.0493	0.0251	30	22
9	9	10	0.819	0.2707	28	19
10	10	11	0.1872	0.0619	145	104
11	11	12	0.7114	0.2351	145	104
12	12	13	1.03	0.34	8	5
13	13	14	1.044	0.345	8	5.5
14	14	15	1.058	0.3496	0	0
15	15	16	0.1966	0.065	45.5	30
16	16	17	0.3744	0.1238	60	35
17	17	18	0.0047	0.0016	60	35
18	18	19	0.3276	0.1083	0	0
19	19	20	0.2106	0.069	1	0.6
20	20	21	0.3416	0.1129	114	81
21	21	22	0.014	0.0046	5	3.5
22	22	23	0.1591	0.0526	0	0
23	23	24	0.3463	0.1145	28	20
24	24	25	0.7488	0.2475	0	0
25	25	26	0.3089	0.1021	14	10
26	26	27	0.1732	0.0572	14	10
27	3	28	0.0044	0.0108	26	18.6
28	28	29	0.064	0.1565	26	18.6
29	29	30	0.3978	0.1315	0	0
30	30	31	0.0702	0.0232	0	0
31	31	32	0.351	0.116	0	0
32	32	33	0.839	0.2816	14	10
33	33	34	1.708	0.5646	19.5	14
34	34	35	1.474	0.4873	6	4
35	3	36	0.0044	0.0108	26	18.55
36	36	37	0.064	0.1565	26	18.55
37	37	38	0.1053	0.123	0	0
38	38	39	0.0304	0.0355	24	17
39	39	40	0.0018	0.0021	24	17
40	40	41	0.7283	0.8509	1.2	1
41	41	42	0.31	0.3623	0	0
42	42	43	0.041	0.0478	6	4.3
43	43	44	0.0092	0.0116	0	0
44	44	45	0.1089	0.1373	39.22	26.3
45	45	46	0.0009	0.0012	39.22	26.3
46	4	47	0.0034	0.0084	0	0

47	47	48	0.0851	0.2083	79	56.4
48	48	49	0.2898	0.7091	384.7	274.5
49	49	50	0.0822	0.2011	384.7	274.5
50	8	51	0.0928	0.0473	40.5	28.3
51	51	52	0.3319	0.1114	3.6	2.7
52	9	53	0.174	0.0886	4.35	3.5
53	53	54	0.203	0.1034	26.4	19
54	54	55	0.2842	0.1447	24.4	17.2
55	55	56	0.2813	0.1433	0	0
56	56	57	1.5900	0.5337	0	0
57	57	58	0.7837	0.263	0	0
58	58	59	0.3042	0.1006	100	72
59	59	60	0.3861	0.1172	0	0
60	60	61	0.5075	0.2585	1244	888
61	61	62	0.0974	0.0496	32	33
62	62	63	0.145	0.0738	0	0
63	63	64	0.7105	0.3619	227	162
64	64	65	1.041	0.5302	59	42
65	11	66	0.2012	0.0611	18	13
66	66	67	0.0047	0.0014	18	13
67	12	68	0.7394	0.2444	28	20
68	68	69	0.0047	0.0016	28	20

I want morebooks!

Buy your books fast and straightforward online - at one of world's fastest growing online book stores! Environmentally sound due to Print-on-Demand technologies.

Buy your books online at
www.morebooks.shop

Compre os seus livros mais rápido e diretamente na internet, em uma das livrarias on-line com o maior crescimento no mundo! Produção que protege o meio ambiente através das tecnologias de impressão sob demanda.

Compre os seus livros on-line em
www.morebooks.shop

Printed by Books on Demand GmbH, Norderstedt / Germany